KB117099

동물을 돌보고 연구합니다

동물을 돌보고 연구합니다

1판 1쇄 발행 2022. 4. 8.
1판 2쇄 발행 2024. 6. 1.

지은이 장구

발행인 박강휘
편집 박민수 디자인 유상현   마케팅 고은미   홍보 이한솔
발행처 김영사
등록 1979년 5월 17일(제406-2003-036호)
주소 경기도 파주시 문발로 197(문발동) 우편번호 10881
전화 마케팅부 031)955-3100, 편집부 031)955-3200 | 팩스 031)955-3111

값은 뒤표지에 있습니다. ISBN 978-89-349-6155-0 03490

홈페이지 www.gimmyoung.com   블로그 blog.naver.com/gybook
인스타그램 instagram.com/gimmyoung   이메일 bestbook@gimmyoung.com

좋은 독자가 좋은 책을 만듭니다.
김영사는 독자 여러분의 의견에 항상 귀 기울이고 있습니다.

경이롭고 감동적인
동물과 과학 연구 노트

동물을
돌보고
연구합니다

장구 지음

김영사

동물은 우리에게
어떤 의미를 지닐까?

어릴 적 집에서는 개와 닭, 돼지를 키웠습니다. 그중 돼지가 많 았는데, 부모님은 농사일을 하시는 틈틈이 새끼 돼지를 키워 팔아 살림에 보태셨죠. 그래서 새끼 돼지가 태어나는 날은 집 안의 중요한 날이었습니다. 갓 태어난 새끼 돼지를 옆에서 지 켜보던 기억이 아직도 생생합니다.

 동물을 향한 관심과 애정으로 수의학과에 진학해 수의사가 되었습니다. 저를 찾아온 동물을 치료하느라 진료실에서 밤을 거의 지새운 적도 있었고, 실험 결과가 너무 궁금해서 새벽같 이 일어나 연구실에서 현미경을 들여다보기도 했지요. 하지만 피곤하기보다는 행복하고 뿌듯했습니다.

진료와 연구로 정신없었던 젊은 시절에는 사실 동물의 의미에 대해 깊게 생각해볼 겨를이 없었습니다. 반려동물을 어떻게 돌봐야 하는지, 실험동물을 어떻게 다뤄야 하는지, 동물들과 어떻게 하면 함께 살아갈 수 있는지를 고민해볼 시간을 갖지 못했지요. 저 개인뿐 아니라 사회적으로도 크게 다르지 않았던 것 같습니다. 하지만 얼마 전부터 진료실에서 보호자들과 대화를 나누면서 동물에 대한 인식이 크고 빠르게 변화하고 있음을 느낍니다. 반려동물과 함께하는 사람들이 급격히 증가하면서 사회적으로 동물에 대해 다시 생각하고 소중히 여기는 문화가 확산하고 있는 것이죠.

몇 해 전, 우연한 기회에 코엑스 별마당 도서관에서 여러 유명한 강사들과 함께 동물을 주제로 한 대중 강연을 하게 되었습니다. 제가 전문가로서 활동하는 이야기를 통해 여러 사람과 소통하는 것이 쉽지 않다는 사실을 깨닫는 계기가 되었습니다. 또, 제 분야에서 연구 내용을 바탕으로 대중과 소통하는 사람이 드물다는 것도 알게 되었지요. 그때부터 동물에 대해 제가 직접 연구하고 공부한 내용을 좀 더 쉽게 전달하도록 노력해야겠다 마음먹었습니다. 이 분야에서 오래 일해 온 만큼 잘할 수 있다는 자신도 있었고요. 그 이후로 제 전공과 관련된 인문학 강의를 꾸준히 해오고 있습니다.

대중 강연을 이어가면서, 진료하고 연구하는 강의하는 내용으로 책을 써보고 싶다는 생각이 들었습니다. 보다 많은 사람에게 동물을 둘러싼 흥미로운 이야기들을 전하고 싶었습니다. 2019년 《아이가 사라지는 세상》에 공저자로 참여하면서 인연을 맺은 김영사의 도움으로 원고 집필에 들어가게 되었는데, 만만치가 않더군요. 연구 논문용 글쓰기 훈련만 해온 제게 대중 교양서 집필은 상당히 버거운 일이었습니다. 글을 쓰는 동안 같은 전공을 공부한 아내에게서 많은 도움을 받았습니다. 아내는 다양한 분야의 책을 즐겨 읽는 습관이 있는 터라 이해하기 쉬운 글쓰기를 위한 여러 조언을 하기도 하고 초고를 수정해주기도 하면서 든든한 조력자가 되어주었습니다.

이번에 책을 쓰면서 다시 한번 동물에 대해 생각해보았습니다. '우리에게 동물은 어떤 의미가 있을까?' 동물을 치료하고 연구하는 저와 목장에서 소를 키워 생계를 유지하는 축산업 종사자, 동물과 가족이 되어 함께 사는 사람들에게 동물은 각자 다른 의미를 지닐 것입니다. 하지만 각자의 자리에 있는 모든 동물이 소중한 생명으로서 가치를 지닌다는 사실만은 부정할 수 없습니다. 인류의 영역이 1차 산업에서 4차 산업으로 확장되는 동안 동물과 인간의 관계는 점점 더 다양한 분야에서 깊게 맞물려가고 있습니다. 이제 우리는 동물과 떨어져서는 살아갈 수 없는 세상에 살고 있습니다. 이 책이 다양한 동물의 존

동물을 돌보고 연구합니다

재를 환기시키기를 바랍니다. 더 나아가 지구상에 살고 있는 모든 동물의 의미에 대해 생각해볼 수 있는 기회가 되기를 바랍니다.

2022년 3월
진료실과 연구실을 오가며

차례

3부 생명을 돌보는 수의사의 진료실

세상을 바꾼
동물학자의
연구실

1

인슐린 개발을 도운 개

요즘은 학교에서 아이들에게 대한민국의 자랑거리로 '사계절이 뚜렷하다'는 점을 강조하지 않는가 봅니다. 제가 어렸을 때와는 달리 이상기온으로 겨울에는 영하 20도까지 내려가고 여름엔 40도를 찍기도 하니, '뚜렷한 사계절'이 그다지 달가울 리 없죠. 하지만 무엇보다도 우리나라에 다른 자랑거리가 많아져서 그런 환경적인 조건에 대한 자랑은 뒷전으로 밀린 것 같습니다.

정말 대단하죠. 불과 70여 년 전에 전쟁으로 폐허가 된 땅 위에 '한강의 기적'을 일으키며 초고층 건물의 스카이라인을

1부_세상을 바꾼 동물학자의 연구실

만들기가 무섭게 세계 최고 수준의 가전과 스마트폰을 만들어 내지 않았습니까. 그뿐인가요, 4차 산업혁명의 핵심인 반도체는 세계는 우리나라가 선도하고 있습니다. 문화 분야에서는 몇 해 전부터 '한류'가 세계로 뻗어나가더니, 최근에는 코로나 상황 초기에 우수한 대응 시스템과 시민들의 적극적인 마스크 착용으로 큰 사회적 혼란을 겪었던 선진국 사람들의 부러움을 사지 않았습니까. 이렇게 노력으로 일군 성과는 '뚜렷한 사계절'이나 '수려한 강산' 등 타고난 환경 조건과는 비교할 수 없을 만큼 큰 자랑거리임이 분명합니다. 우리 아이들이 '뚜렷한 사계절'이 왜 자랑거리인지 의아해하는 모습을 보면서 저는 진짜로 대한민국이 자랑스러웠습니다.

그런데 매년 10월이 되면 찾아오는 씁쓸함이 있습니다. 바로 노벨상 수상자를 발표하는 시기이기 때문이죠. 우리나라는 이미 한 차례 노벨상을 수상한 영광이 있습니다. 하지만 총 6개 부문으로 나뉘어 시상되는 노벨상에서 절반을 차지하는 (물리학·화학·생리의학) 과학 분야에서는 아직 수상자를 배출하지 못했습니다(나머지 반은 문학·경제학·평화). 우리가 아무리 세계의 반도체 산업을 선도하고 있어도 오랜 전통을 자랑하는 과학 선진국들과 비교하면 뭔가 부족하다는 평가는 늘 이 노벨상 이야기와 맞물려 거론되기도 하죠.

하지만 조급해할 필요는 없습니다. 우리나라에서 기초과학 연구가 시작된 시기는 과학 선진국은 말할 것도 없고 일본에 비해서도 10년 이상 늦었습니다. 그리고 또 한 가지, 많은 과학자들이 정말 열심히 연구에 매진하고 있습니다. 요즘은 박사후 과정을 외국 실험실로 지원하는 경우가 많은데, 한국인은 영민하고 성실하다면서 대부분 환영합니다. 시작이 조금 늦었지만 다들 열심히 연구하고 있으니, 앞으로 몇 년 안에 노벨상 수상자가 나올 거라고 생각합니다.

모두 알다시피 노벨상은 세상에 크게 기여한 사람에게 수여됩니다. 그런데 뜻밖의 수상 조건이 하나 있어요. 바로 살아 있는 사람에게만 수여한다는 것이죠. 아무리 훌륭한 연구를 하고 많은 사람이 인정하는 결과를 냈다고 해도, 수상 시점에 살아 있어야만 상을 받을 수 있는 겁니다. (물론 수상자로 선정할 때는 살아 있었는데, 발표 며칠 전에 사망한 경우도 있었습니다.)

그럼 이 같은 걱정을 할 필요가 없었을 최연소 노벨상 수상 과학자는 누구일까요? 영국 물리학자 윌리엄 로런스 브래그입니다. 1915년 25세의 나이에 'X선에 의한 결정구조'로 아버지 윌리엄 헨리 브래그와 함께 노벨 물리학상을 수상했죠.

제가 연구하는 분야와 관련이 있는 노벨 생리의학상을 가장 젊은 나이에 받은 사람은 캐나다의 프레더릭 그랜트 밴팅입니다. 1923년 노벨상을 받았을 당시 그는 32세였어요. (제가 본격적인 연구를 시작한 나이가 30세였으니, 32세에 연구의 성과를 내고 노벨상까지 수상했다는 것이 얼마나 대단한 일인지 가늠해볼 수 있습니다.)

무명의 내과의사였던 밴팅이 어떻게 그 젊은 나이에 노벨상 수상자가 되었을까요? 당뇨병의 치료제 인슐린을 개발한 인물이 바로 밴팅입니다. 당뇨병은 전 세계에서 가장 많은 사람이 고통받는 질병이므로 그 치료제를 개발한 사람이 노벨상을 수상한 것은 정말 당연한 결과라고 할 수 있겠죠.

당뇨병은 사실 수의사들에게도 매우 친숙한 질병입니다. 동물들에게도 당뇨병이 많이 발생하니까요. 특히 동물의 임신과 출산 관련 진료를 많이 보는 제 경우 당뇨와 인슐린에 민감한 편입니다. (제 전공은 사람으로 치면 산부인과학에 속하는데, 동물에게는 부인학이 없어서 '산과학'이라는 용어를 씁니다.)

동물들도 당뇨병에 걸려서 혈당이 높아질 경우 사람처럼 인슐린을 처치하면 효과가 금방 나타나서 건강 상태가 개선됩니다. 하지만 가끔은 인슐린을 처치해도 혈당이 떨어지지 않아 고생하는 동물들이 있는데, 이 경우 대부분 암컷이에요. 왜 그럴까요? 암컷 동물의 난소에서 분비되는 '황체호르몬'이 인슐린의 기능을 방해하기 때문이랍니다.

특히 개와 고양이에게서 이런 증상이 많이 나타납니다. 다른 동물들과 달리 '상상임신' 기간이 존재해서, 임신을 하지 않았음에도 임신 유지 호르몬인 황체호르몬이 오랜 기간 분비됩니다. 당뇨병에 걸린 개나 고양이가 상상임신을 하면, 분비된 황체호르몬이 인슐린의 기능을 방해해서 혈당 조절 문제가 발생합니다. 가끔 초보 인턴들이 이 문제로 애를 먹어서 황체호르몬을 제거해야 한다는 조언을 해주곤 하죠.

사람도 비슷해서, 평소 당뇨병이 없던 여성이 임신 중에 높은 혈당으로 인해 어려움을 겪는 경우가 있습니다. 바로, 임신성 당뇨병입니다. 증상이 저절로 회복되는 경우도 있지만, 일부는 아기의 건강에까지 영향을 미치기도 하죠. 현재까지 임신성 당뇨병의 정확한 원인은 밝혀지지 않았습니다. 임신 기간 동안 태반에서 여러 호르몬(여성호르몬, 코르티솔, 태반성 락토겐 등)이 분비되는데, 이들이 인슐린의 기능을 저하시키는 것으로 알려져 있습니다.

다시, 당뇨병 치료제 인슐린을 개발한 밴팅 이야기로 돌아와볼까요. 젊은 내과의사 밴팅은 췌장에서 분비되는 소화액이 당뇨병과 관련이 깊을 것으로 추측했습니다. 그는 췌장으로 들어가는 관을 묶어 영양분이 공급되지 않으면 췌장이 퇴화되면서 당뇨병이 생길 거라는 가설을 세웠죠. 다시 말해 췌장 조직 안에 당뇨병 치료제가 있을 거라고 생각한 겁니다. 그 가설을 당시 당뇨병 연구로 가장 유명했던 존 매클라우드 교수에게 제안했지만, 매클라우드는 밴팅의 생각을 대수롭지 않게 들어넘겼습니다. 밴팅은 자신의 가설이 도전해볼 만한 가치가 있다고 매클라우드를 계속 설득했고, 결국 최소한의 실험 장비와 개 열 마리를 제공받는 데 성공했습니다. 그리고 의대 학생 찰스 베스트가 조교로 참여하게 되었죠.

이렇게 당뇨병 치료제 개발을 위한 연구가 1921년 시작되었습니다. 밴팅과 베스트는 실험용 개의 췌장을 제거함으로써, 췌장이 없으면 혈당이 증가하고 물을 자주 마시며 배뇨 빈도가 증가하는 등 당뇨병 증세가 나타나는 것을 확인했죠. 이후 다른 개에서 췌도 조직을 분리해, 그 조직을 갈아서 얻은 물질을 '아일레틴isletin'이라고 이름 붙였습니다. 이 아일레틴을 췌장이 제거되어 당뇨 증상이 생긴 개에게 주사하자, 혈당이 떨어지는 등 건강 상태가 호전되었죠. 이와 같은 실험을 몇 번 더 반복해 비슷한 결과를 얻은 밴팅과 베스트는 그 결과를 매클라우드 교수에게 보고했습니다.

매클라우드는 놀라워했지만, 그 췌장 추출액이 정말 효과가 있는지 증명하기 위해 좀 더 테스트해보길 원했어요. 그런데 실험을 확대하려면 더 많은 췌장 추출액을 얻어야 했고, 그러기 위해서는 더 큰 동물의 췌장이 필요했죠. 그래서 가축 가운데 가장 큰 동물인 소의 췌장을 이용하기로 했답니다.

소의 췌장에서 여러 마리의 개에게 투여할 수 있는 충분한 양을 추출할 수 있었습니다. 그리고 이어진 여러 차례의 실험에서 소 췌장 추출액이 당뇨 증상이 있는 개에게 효과가 있음이 확인되었죠. 연구 결과를 확신하게 된 매클라우드 교수는 밴팅과 베스트에게 더 많은 지원금을 주었고, 넓은 실험실 등 좀 더 안정적인 연구 환경을 제공했습니다. 매클라우드는 이 추출액을 '인슐린insulin'이라 명명하고, 여기서 어떤 성분이 당뇨병에 효과가 있는지를 연구하기 시작했죠.

이후 생화학자 제임스 콜립이 합류해, 사람에게 실험할 수 있는 깨끗하고 충분한 양의 인슐린을 분리했습니다. (계속 이어진 연구들을 위해 소와 돼지의 췌장에서 더 많은 양의 인슐린을 확보해야 했답니다.) 이제 드디어 사람에게 적용해봐야 했는데, 아무도 선뜻 동물에게서 얻은 액체를 자신의 몸에 집어넣으려고 하지 않았죠. 그래서 밴팅과 베스트는 스스로 자기 몸에 인슐린을 테스트해보았고, 이 물질이 사람의 몸에 해롭지 않다는 것을 몸소 입증했습니다.

1922년 1월 캐나다 토론토에서 당뇨병에 걸려 사경을 헤매던 열네 살 소년 레너드 톰프슨이 처음으로 인슐린을 맞았습니다. 테스트는 성공적이었죠. 초기의 인슐린은 불순물이 섞여

1부_세상을 바꾼 동물학자의 연구실

있어서, 주사를 맞은 톰프슨은 당뇨 증상은 개선되었지만 알레르기 반응이 나타났다고 합니다. 곧바로 정제된 인슐린이 만들어졌고, 이를 이용해 치료받은 톰프슨은 마침내 건강을 회복했습니다.

인슐린 치료는 이후 다른 환자들에게 확대되었고, 전 세계로 퍼져나가 수많은 당뇨병 환자의 목숨을 구하고 삶의 질을 개선했습니다. 그 공로로 밴팅과 매클라우드는 1923년 노벨 생리의학상을 공동 수상했죠. 밴팅은 자신의 연구를 처음부터 도와준 베스트가 노벨상 수상자에서 배제된 것은 불합리한 결정이라면서 그에게 노벨상 상금의 절반을 나눠주었다고 알려져 있습니다. 또한 밴팅과 베스트는 인슐린은 질병 치료를 위한 인류의 공유 자산이라고 생각해 관련 특허권을 토론토 대학에 단돈 1달러에 넘겼다고 합니다.

당뇨병 치료제 인슐린 개발과 관련해서 사람들은 대개 최연소 노벨 생리의학상 수상자인 밴팅을 기억합니다. 하지만 동물학자인 저는 인슐린 개발에 기여한 동물들도 함께 기억해야 한다고 생각합니다. 밴팅의 연구에 희생된 개(비글)와 소가 없었다면 인슐린 개발은 불가능했을 테니까요.

특히 개는 오랜 기간 사람과 생활공간을 공유해왔기 때문에 질병도 사람이 앓는 것과 유사한 경우가 많습니다. 오래전부터 개에게도 당뇨병이 있다는 사실을 사람들은 알고 있었어요. 그래서 밴팅도 연구 초기에 개를 이용해 실험을 시작한 것이죠. 인위적으로 췌장을 제거해 당뇨병을 유발하고, 다시 췌장 추출액을 주입해 치료 물질을 시험하는 등, 동물들 입장에서 보면 그야말로 희생을 강요당한 것입니다. 그렇게 수많은 동물의 희생이 있었기에 인슐린이라는 치료제가 개발되었다는 사실을 기억해주셨으면 좋겠습니다.

2021년은 인슐린이 발견된 지 100년이 되는 해입니다. 100년 전에 태어난 인슐린이 동물에서 유래했다는 사실을 우리는 유념해야 합니다. 아직도 일각에서는 동물 유래 물질을 사람의 약으로 쓰는 것에 대해 거부감을 표출합니다. 신종플루, 메르스, 코로나19 같은 전염성 질병을 겪으면서 동물의 질병이 사람에게 전염되지 않을까 하는 걱정이 커지기도 했죠.

하지만 우리는 인슐린뿐 아니라 많은 질병 치료제를 개와 소, 돼지 등 동물들로부터 얻어왔습니다. 또 역사적으로 인류는 많은 동물 유래 단백질을 이용하면서 발전해왔기 때문에, 동물의 질병 발생을 관찰하고 치료하는 과정에서 얻을 수 있는 정보가 대단히 많습니다. 따라서 동물을 보살피고 그 질병을 치료하는 것이 단순한 동물 치료를 넘어서, 사람의 질병 치료와 예방을 위한 자료로도 쓰일 수 있음을 잊지 말았으면 좋겠습니다. 당장은 사람의 치료와 관련이 없어 보여도 관심을 가지고 꾸준히 연구할 필요가 있는 이유입니다.

2

사람과 동물을 살리는
동물 질병 연구

요즘 수의학과에 입학하는 학생들은 대부분 반려동물에 관심이 많습니다. 자신이 속한 환경에서 자주 접하는 것이 관심사가 되기 마련이죠. 저의 경우 수의대에 입학하기 전 주변에서 볼 수 있는 수의사는 농장에서 키우는 소나 돼지 등의 산업동물들을 진료하는 수의사뿐이었습니다. 제가 살았던 시골에서도 집집마다 한두 마리씩 개를 키우긴 했지만, 아픈 개를 치료하러 병원에 데려간다는 생각은 거의 못하던 시절이었으니까요.

당시 많은 친구들이 산업동물 임상으로 진로를 정했습니다. 그때만 해도 우리나라는 아직 먹고사는 문제가 중요해서 먹을

22

거리를 제공하는 소, 돼지, 닭 등 산업동물에 대한 관심이 높았습니다. 학교에서도 많은 교수님이 개나 고양이 등의 소小동물보다는 소나 돼지 등 대大동물 위주로 강의를 하셨죠. 물론 사회적인 분위기 때문이기도 했겠지만, 당시에는 교수님들 또한 소동물을 치료한 경험이 별로 없어서 강의를 진행하기 어려웠던 탓도 크지 않았나 싶습니다.

⚗️

2000년 수의학과를 졸업하고 수의사가 된 저는 동물병원에서 인턴으로 진료를 시작했습니다. 그야말로 햇병아리 수의사였죠. 현장에서 맞닥뜨리는 문제들은 학교에서 배운 것과는 많이 다르고, 또 훨씬 복잡해서 매일매일 진땀을 빼던 시절이었습니다.

쉬는 시간에 잠시 바깥 공기를 쐬러 커피를 들고 나와 있으면, 안과 진료를 하는 선배 수의사가 반려견 두 마리를 정기적으로 운동시키는 모습이 보이곤 했습니다. 둘 다 슈나우저 품종이어서, '저 선배는 슈나우저를 특별히 좋아해서 반려견으로 키우나 보다'라고 생각했죠.

어느 날은 싹싹한 후배의 자세로 그 선배에게 말을 걸었습니다.

"슈나우저를 좋아하시나 봐요?"

"네, 그런데 이 품종을 좋아해서 키우는 건 아니고 눈이 아파 입양한 아이들입니다."

본능적으로 눈에 시선이 갔지만 알아챌 수 있는 증상은 없었습니다.

"겉으로 보기에는 잘 모르겠는데요?"

"유전병이에요. 그냥 보면 아픈지 모르죠."

그런데 개의 눈 유전병에 어떤 것들이 있는지 선뜻 생각이 나지 않았습니다. 워낙 친절한 선배라 대략적인 설명을 해주었지만, 비슷한 수준이 못 돼 대화를 매끄럽게 이어가지 못하는 저 자신이 부끄러웠습니다. (졸업 전 학교에서는 산업동물 위주로 배웠고, 개인적으로도 그쪽 진로를 생각하고 있던 터였지만, 어쨌든 지금은 동물병원 수의사로 근무하고 있으니 반려동물에 대해서도 충분히 공부가 된 상태여야 했죠.) 학부 때 분명히 배웠을 텐데 왜 기억이 나지 않는 건지, 빨리 가서 공부해야겠다는 생각만 가득했습니다.

퇴근하고 부랴부랴 집에 돌아와 학부 때 공부한 책을 다시 들춰보고, 다른 자료도 찾아보다가 이런 내용을 발견했습니다. 개의 눈 유전병이라고 알려져 있는 진행성 망막 위축증(RPE65 등 여러 유전자에서 선천성 돌연변이가 일어나 어릴 때는 정상 시력이지만 나이 들면서 시력을 잃어가는 병)이 사람의 레베르 선천성 흑암시(태어나면서부터 실명이 되는 희귀한 유전질환)와 그 원인이 비슷하다는 것이었죠.

원인이 비슷하다면 치료법도 유사하겠다 싶어 찾아보니, 이 문제에 대한 연구 결과가 2001년 유전학 저널 《네이처 지네틱스Nature Genetics》에 실려 있었습니다. 필라델피아 의과대학 진 베넷 연구팀이 '어린아이의 실명에 대한 개의 모델에서 유전자 치료가 시력을 회복시키다'라는 제목으로 발표한 논문이었죠. 진 베넷이 눈의 유전병 치료를 첫 번째 목표로 삼은 건 눈의 해부학적 특수성 때문이었을 겁니다. 다른 장기와 달리 눈은 면역 체계가 분리돼 있어서, 눈에 유전자를 직접 주입해도 몸 전체의 면역세포들에 거의 영향을 주지 않습니다. 부작용 우려가 그만큼 적다는 얘기지요.

개와 사람을 연관지어 연구했다는 사실이 특이해서 자세히 보니, 주요 저자들 중 일부는 저와 같은 수의사였습니다. '내가 하는 동물의 질병 연구가 언젠가 사람과 동물을 아우르는 새로운 치료법 개발에도 크게 기여할 수 있겠구나!' 하는 생각에 가슴이 두근거리더군요.

당시 저는 소와 돼지의 시험관 수정in vitro fertilization에 관한 연구를 하고 있었습니다. 소의 인공수정은 생각보다 역사가 오래되었습니다. 젖소의 우유 생산량을 늘리거나 육우의 덩치를 키우기 위해 뛰어난 개체를 선별해서 인공수정시킨 수정란을 이식하는 것이죠. 산업동물들에게는 폭넓게 쓰이는 기술로, 녹용을 채취하는 엘크(사슴)도 이렇게 번식시키고 있습니다. 하지만 제가 그때 인공수정 관련해서 연구하던 주제는 좀 더 진전된 것으로, 정자나 난자의 유전 정보가 수정된 배아에서 태어난 동물은 어떤 유전적 능력을 타고나는지 알아보는 것이었습니다. 그런데 만약 이 기술로 유전적 질병이 있는 다양한 질병 모델 동물을 생산해낸다면, 유전병의 치료제를 개발하는 데 도움이 될 거라는 생각이 들었습니다.

박사과정 중에 제가 있던 실험실에서 개의 복제에 성공하고 나자, 저는 이 기술로 다양한 유전질환 모델을 연구해보고 싶었습니다. 틈틈이 동물에게서 나타나는 사람과 유사한 유전병에 대한 자료를 조사해두었지요. 그리고 교수가 되어 제 실험실을 갖게 되면서, 좀 더 구체적으로 실행에 옮길 수 있었습니다.

질병 모델 동물을 만드는 연구를 하려면 일단 질병을 발생시키는 유전자 돌연변이를 정교하게 흉내 내야 했는데, 2000년대 초반의 기술 수준으로는 질병과 관련된 유전자 돌연변이를 재현시키기가 너무나 어려웠습니다. 그러다가 2008년 동물 ㈜에서 유전자를 맞춤형으로 조절할 수 있다는 연구 결과가 나와 정말 반가웠죠.

그런데 이 분야가 역시나 매력적이었는지 한국에서도 저와 비슷한 연구를 하는 분이 많아졌고, 그분들과 학술교류를 하는 작은 모임이 생겼습니다. 그중 열심히 해주시는 분들 덕분에 2016년 '한국유전자교정학회'를 결성해 1회 학술대회를 준비하기에 이르렀습니다.

학술대회의 오전 행사 사회를 제가 보았는데, 인사말을 하는 시간에 한국실명협회 회장님이 과학자들에게 하고 싶은 말이 있다고 하셔서 잠시 시간을 내드렸습니다. 저는 그분을 처음 뵈어서 누구신지 잘 알지 못했는데, 말씀 중에 본인은 실명협회장보다는 아이돌그룹 소녀시대 멤버인 '수영'의 아버지로 더 알려져 있다고 소개하시더군요. 그 말에 공부만 하던 과학자들의 관심이 갑자기 단상으로 집중되었죠. 우리가 하는 연구가 실명으로 고통받는 자신에게 어떤 의미인지 말씀하신 후 자신처럼 유전병으로 시력을 잃어가는 사람들에게 희망을 줄 수 있는 성과가 나오기를 염원하며 인사를 마치셨습니다. 보통 과학 학술대회에는 일반인이 참석하지 않지만, 이런 자리를 계기로 과학자들도 대중과 좀 더 가까워질 수 있으면 좋겠다는 생각이 들었습니다.

그 뒤로 매년 한국유전자교정학회의 학술대회가 진행되고 있습니다. 그동안 많은 연구 성과가 발표되었지만, 그중에서도 최근 매우 인상적인 성과들이 연이어 보고되고 있습니다. 한 가지 예로, 2020년 연세대학교 연구팀에서 이영양형 수포성 표피박리증이라는 유전병 환자의 세포에 유전자 교정 기술을 적용해서 치료의 가능성을 보여주기도 했습니다.

해외의 동향은 좀 더 빨라서, 이미 2017년 12월 미국 FDA에서 유전병에 대한 유전자 치료제를 승인했습니다. 미국의 유전자 치료제 회사 스파크테라퓨틱스가 개발한 레베르 선천성 흑암시의 유전자 치료제 럭스터나의 효능을 인정한 것입니다. 이 회사의 핵심 연구자 중 한 사람이 수의사였으니, 동물 연구가 치료제 개발에 좋은 발판이 되었음을 짐작해볼 수 있습니다.

유전병을 연구할 때의 일반적인 방법은 세포 단위에서 유전자의 기능을 파악하고, 그 자료를 분석해 유전병이 발생하는 가설을 세우는 것입니다. 그리고 그 병을 일으키는 유전자를 만들어 마우스의 배아에 주입해서 질병 모델을 만든 다음, 앞서 세운 가설을 거꾸로 적용해 이 마우스를 치료하면서 효과를 평가합니다. 이렇게 해서 치료 효과가 입증된 유전자 치료제는 다양한 동물에서 안전성 실험을 하고, 이 과정을 통과하면 사람을 대상으로 임상실험에 들어가죠. 임상실험은 보통 3단계를 거칩니다. 단계마다 대상을 늘려가면서 정말 효과가 있는지, 부작용은 없는지 면밀하게 관찰하는데, 안타깝게도 이 과정에서 실패하는 경우가 많습니다.

보통 신약으로 분류되는 유전자-세포 치료제의 개발은 임상 허가까지만도 20년 이상 걸린다고 합니다. 스파크테라퓨틱스는 약 18년 만에 안과 유전질환 치료제 개발에 성공했는데요. 이 회사가 상대적으로 짧은 기간에 성공적으로 치료제를 개발할 수 있었던 것은 바로 사람과 유사한 질병을 가진 개라는 동물이 있었기 때문이죠.

현대 사회에서 반려동물의 대명사가 된 개는 현재 400여 품종이 있습니다. 지금 이 순간에도 사람에 의해 다양한 형태의 품종 개량이 이루어지고 있는데, 그중에는 근친교배도 있습니다. 개는 사람과 가장 친한 동물로서 함께 생활해왔기 때문에, 개의 질병에 관한 정보가 많이 축적되어 있습니다. 과도한 품종 개량에 따른 유전병에 대해서도 많은 연구가 이루어졌다고 할수 있죠. 개를 치료하는 수의사들은 개의 질병이 사람의 질병과 유사하고, 치료법도 비슷하다는 것을 잘 알고 있습니다.

사람과 개에게서 비슷하게 발병되는 또 다른 유전병으로 뒤셴 근육 영양장애가 있습니다. 그런데 2018년 과학잡지 《사이언스Science》에 게재된 연구 논문을 통해 개 모델에서 유전자 치료에 성공했다는 사실이 알려졌죠. 사람과 개에게 거의 똑같은 양상으로 발병하는 뒤셴 근육 영양장애에 대한 유전자 치료를 개에게 적용한 실험은 실제 사람에 대한 임상실험과 동등하다고 할 수 있으니, 향후 새로운 유전자 치료제로 개발될 가능성이 높다고 할 수 있습니다.

사람의 질병 가운데 간에 구리cu가 축적되어 여러 심각한 증상을 일으키는 월슨병이 있습니다. 구리는 모든 포유동물에게 없어서는 안 되는 중요한 요소지만, 몸에 누적돼서도 안 됩니다. 필요한 양을 제외하고는 간을 통해 몸 밖으로 배출되어야 하죠. 하지만 구리의 배출에 관여하는 유전자의 돌연변이로 인해 간에 구리가 누적되는 것이 바로 심각한 유전병인 월슨병입니다.

이 유전병을 치료하기 위한 다양한 연구가 있었는데, 그것을 시험적으로 적용해볼 수 있는 가장 적합한 동물이 역시 개입니다. 월슨병처럼 구리를 배출하지 못하는 유전병을 가진 품종이 있는데, 바로 베들링턴 테리어입니다. 특이한 외모 때문에 우리나라에도 마니아층이 생겼을 정도로 인기가 있지만, 베들링턴 테리어에게 이런 유전병이 있다는 사실을 아는 사람은 드물겠죠.

네덜란드 연구팀이 월슨병 치료를 위해 개의 간 줄기세포를 확보해서 구리를 간세포 밖으로 배출시키는 유전자 치료법을 시도해, 일부 성공했다는 연구 결과를 발표했습니다. 아직은 초기 단계지만, 이런 연구 결과가 계속 축적되다 보면 월슨병

1부_세상을 바꾼 동물학자의 연구실

의 치료법도 곧 개발될 것으로 기대합니다.

오래전부터 동물의 생명에 대해 관심을 가지고 질병을 치료해온 과학 선진국들은 단순히 동물의 치료에서 연구를 끝내지 않고 사람의 질병 치료에 도움이 되는 쪽으로 발전시켜왔습니다. 덕분에 각종 유전자 치료제 연구에서도 앞서갈 수 있었죠. 우리도 한 분야의 연구 결과를 다양한 분야로 유기적으로 연결한다면 훨씬 풍부하고 유익한 성과를 창출할 수 있지 않을까요?

암 치료에 기여하는 동물들

암癌이라는 질병은 우리에게 너무나 치명적인 느낌으로 다가옵니다. 가족 중 누군가 암에 걸렸다고 하면 온 가족이 순식간에 걱정과 우울에 휩싸이죠. 저도 아버지가 폐암 진단을 받고 오랫동안 수술과 항암치료를 받으면서 가족은 물론 가까운 친척과 지인들까지 함께 힘들어했던 경험이 있습니다.

우리 사회에서 암은 여전히 '곧 죽을 병'이라는 인식이 강한 듯합니다. 드라마나 영화에서도 암에 걸린 사람들은 대부분 죽더라고요. 하지만 현대 과학의 발달로 최근 암 환자 생존율이 크게 증가했습니다. 주변의 의사나 암 관련 과학자들과 이야기해보면, 암에 걸렸더라도 초기에 진단을 받아 적절한 수술과 항암치료를 병행하면 완치되거나 혹은 건강을 유지하면서 살아가는 사람들이 과거에 비해 많아졌다고 합니다. 보건복지부에서 발표하는 자료들을 통해서도 암 환자 생존율 증가를 확인할 수 있죠.

그렇다면 암 환자가 생존하는 비율이 과거보다 증가한 이유는 무엇일까요? 물론 의학이 전반적으로 발전한 덕분이지만, 그중에서도 암을 조기에 발견하는 기술과 치료제가 개발된 영향이 크다고 생각합니다. 사실 암은 자각 증상이 없거나 늦기에 조기에 발견하기가 쉽지 않아서 그렇지, 일찍 발견해서 적절하게 치료하면 일상생활에 지장이 없을 만큼 회복하거나 완치할 수 있는 질병이라고 많은 의사들이 이야기합니다. 그러니 조기 발견을 위해 정기적으로 몸에 암세포가 생기지 않았는지 검사를 받아보는 것이 좋겠지요.

그런데 몸에 암세포가 있어도 너무 작으면 우리는 이상을 느끼지 못합니다. 그래서 병원에 갈 생각조차 못하다가, 암세포가 커지면서 몸이 조금 불편하거나 통증이 생겨야 비로소 병원에 가보게 되죠. 하지만 이렇게 통증을 느낄 때쯤이면, 암이 많이 커졌거나 다른 곳으로 전이되어 생명에 위협이 될 가능성이 높습니다. 암세포를 조기에 발견하기 어려웠던 과거에는 암에 걸렸다는 사실을 알게 되었을 즈음에는 이미 손을 쓸 수 없을 정도로 악화된 경우가 많아서 '암=죽음'이라는 인식이 강하게 퍼졌던 겁니다.

불과 얼마 전까지만 해도 '불치의 병'으로 인식되었던 암을 조기에 발견하고 치료하기 위해 그동안 현대 의학은 많은 연구를 진행했습니다. 20여 년 전부터는 암에 대한 이해가 많이 확장되어, 유전적 돌연변이를 포함한 다양한 암의 원인을 밝힐 수 있게 되었죠.

과거에는 환자에게서 얻은 조직을 대부분 암 진단을 위한 조직검사에만 썼지만, 최근에는 조직을 배양하고 세포를 분리해 보관하면서 암에 대한 기초 연구에 광범위하게 활용하고 있습니다. 이제 암에 걸린 환자들을 수술하면서 떼어낸 암 조직에서 연구 목적으로 암세포를 분리하는 것을 당연시한다고 해도 과언이 아닙니다. 실험실에서 오랫동안 배양하면서 세포들이 왜 암이 되었는지 연구하면 암에 대해서 이해할 수 있으니까요.

또한 연구용 암세포들이 어느 한 사람이 아니라 공공의 목적을 위해 활용될 수 있도록 공유하는 시스템도 마련되었습니다. 초기에 서울대학교 병원에서 얻은 환자 유래 암세포들을 모아서 관리하던 것이 국가의 지원으로 발전해 한국세포주은 행으로 운영되고 있습니다. 이곳에서는 암 조직에서 유래된 세포들을 모아 은행처럼 관리하면서, 필요로 하는 모든 사람에게 일정한 비용을 받고 제공합니다. 연구자들은 이곳으로부터 원하는 종류의 암세포를 분양받아서 연구에 활용하고 있죠.

국내에 이런 공공 시스템이 갖춰지기 전에 암세포를 연구하려면 미국이나 유럽에서 어렵게 들여와야 했습니다. 해외에서 들여온 암세포들을 이용해도 일반적인 암 연구에는 문제가 없지만, 한 가지 아쉬운 점이 있었습니다. 바로 그 암세포들이 한국인 유래가 아니어서, 한국 사람에게 자주 발생하는 암을 연구하는 데 어려움이 있었던 것이죠.

실험실의 암세포는 암의 발생에 관해 많은 사실을 알려주었습니다. 하지만 실험실에서 배양된 암세포가 실제 암을 발생시키는지 확인하기 위해서는 추가적으로 동물실험이 뒤따라야 합니다. 이때 일반적으로 사용되는 동물이 설치류, 그중에서도 마우스(생쥐)입니다. 암세포를 마우스에 이식해 암이 발생하는지를 지켜보면서 연구를 진행하는 것이죠.

그럼 암세포를 투여하기만 하면 모든 마우스가 다 암에 걸릴까요? 아닙니다. 마우스에게도 면역 시스템이 있어서, 외부에서 암세포가 들어오면 자기를 보호하기 위해 이식된 암세포를 죽입니다. 그렇게 되면 암이 발생하지 않겠죠. 이렇게 동물실험에서 암이 발생하지 않으면, 기초 연구에서 얻은 암에 대한 가설을 명확하게 증명할 수 없기에 발전이 없을 겁니다.

이런 문제점을 극복하기 위해 어떻게 할까요? 마우스에게 일부 면역을 결핍시키는 조치를 취합니다. 그렇게 해서 태어난 면역 결핍 마우스에게 암세포를 이식해 연구를 진행하는 거죠. 마우스에게는 참 안타깝고 미안한 일이지만, 이런 과정을 거쳐 암의 발생 과정을 이해함으로써 조기 진단 방법 및 치료제를 개발할 수 있었습니다. 지금도 다양한 면역 결핍 마우스들이 암 연구에 활용되고 있습니다.

마우스와는 다른 방식으로 암 연구에 기여하는 동물들도 있습니다. 혹시 암에 걸리지 않는 동물이 있다는 사실을 알고 계십니까? 최근의 연구로 밝혀진 바에 따르면, 설치류의 한 종류인 벌거숭이두더지쥐는 수명이 아주 긴데도 암에 걸리지 않는다고 합니다. 과학잡지 《네이처Nature》 표지에도 등장한 이 쥐는 조금은 부담스러운(공격적인) 외모 때문에 무서운 쥐일 거라고들 생각하지만, 실제로는 매우 순하다고 알려져 있지요. 이 벌거숭이두더지쥐는 다른 쥐들에 비해 열 배 이상 오래 산다고 합니다. 보통 쥐의 수명은 2~3년인 데 비해, 이 쥐는 30년 이상 산다고 하죠. 이들이 이렇게 오래 살면서도 암에 걸리지 않는 이유는 아직 명확하게 밝혀지지 않았습니다. 현재 여러 과학자가 이 쥐에 대해 다양한 각도에서 연구하고 있으니, 곧 그 비밀이 밝혀지고, 사람에게도 적용할 수 있는 방법이 개발되겠지요.

암 연구와 관련해서 또 다른 중요한 사실이 의외의 동물을 통해 발표되기도 했는데요. 바로 현재 지구상에서 가장 큰 동물로 알려져 있는 코끼리입니다. 일반적으로 포유동물이 노화하면 저절로 암세포가 조금씩 생기기 때문에, 오래 사는 동물일수록, 또 세포가 많은 동물일수록 암에 잘 걸린다고 알려져 있습니다. 하지만 2015년에 발표된 연구 결과를 보면, 코끼리는 커다란 몸집(많은 세포를 가지고 있다는 의미죠)에도 불구하고 암에 걸리는 비율이 매우 낮다고 합니다.

코끼리는 왜 암 발병 비율이 낮은 걸까요? 놀랍게도 코끼리의 염색체에는 종양 발생을 억제하는 것으로 알려진 유전자가 모두 40개 있다고 합니다. 그래서 암에 잘 걸리지 않는다는 거죠. 그렇다면 왜 코끼리에게는 이 유전자가 40개나 생긴 걸까요? 그 해답은 아직 정확히 밝혀지지 않았습니다. 아마도 생존하기 위해 특정한 쪽으로 진화하다 보니 그렇게 된 게 아닐까 추측할 따름이죠.

코끼리와는 반대로 암에 잘 걸려서 연구 대상이 되는 동물도 있습니다. 바로 우리와 가장 가까운 동물, 개입니다. 지금까지 개에게 발생하는 암의 종류로 알려진 것은 매우 다양합니다. 사람 다음으로 많다고 하죠. 제가 속한 서울대학교 동물병원에도 다양한 암에 걸린 개들이 진료를 받으러 옵니다. 이들을 치료하는 방법 또한 사람과 유사한 경우가 많아서, 수의사들은 수의학에서 배운 일반적인 치료법뿐만 아니라 최근 사람에게 적용되는 치료법을 응용하기도 합니다.

개의 암 발생률이 높으니, 미국에서는 사람의 치료제로 개발된 새로운 항암제를 암에 걸린 개에게도 투여해 효과와 부작용에 대한 연구를 진행하고 있습니다. 암이 자연적으로 발생한 개를 활용할 경우, 연구 대상을 쉽게 확보할 수 있고 관찰이 용이해서, 효과 있는 항암제를 더욱 빨리 선별할 수 있게 되는 거죠. (미국 국립보건원NIH 홈페이지 비교종양학 프로그램에 다양한 정보들이 공유되고 있습니다.)

서울대학교 동물병원에서도 개의 암 연구를 통한 사람의 암 연구가 진행되고 있는데, 고맙게도 일부 보호자들이 자발적으로 임상 연구에 참여해주신다고 합니다. 아직은 초기 단계지만, 이런 임상 연구들이 누적되면 조만간 새로운 항암제 또는 치료제가 개발되어 사람은 물론 동물들의 암을 치료하는 데 큰 도움이 될 것으로 기대합니다.

실험동물의 수와
고통을 줄이려는 노력

처음 만나 대화를 하게 된 사람들에게 저를 수의사라고 소개하면 다양한 질문을 받습니다. 키우고 있는 앵무새가 알을 낳아 부화했는데 새끼를 어떻게 보살펴야 할지, 페럿이 허리가 아픈지 요즘 자세가 불편해 보이는데 어떤 환경이 좋을지 등등. 동물도 다양하고 내용도 각양각색이죠.

어느 날인가 초등학생인 딸아이가 방과후 활동에서 게코도마뱀을 데리고 왔습니다. 둘 다 수의사인 저희 부부는 동물이 아이들에게 정서적으로 좋다는 것은 알고 있지만, 게코도마뱀은 키울 수 없다고 단호하게 말했습니다. 특히 "얘가 아프면 엄마 아빠도 어떻게 해야 하는지 모른다"고 했더니, 딸아이가 던진 한마디.

"수의사가 왜 몰라?"

너무나 당당한 항의에 잔뜩 당황해서 수의사라고 해서 모든 동물에 대해 잘 아는 것은 아니라는 사실을 설명하느라 애를 먹었던 기억이 있습니다. 다른 직업인들과 마찬가지로, 수의사들도 대학에서 동물 전반에 대해 교육을 받지만, 이후 자신의 영역에 몰두하며 특정 분야의 전문가가 되어가기에 모든 분야를 깊이 있게 이해하기는 어렵습니다.

수의학에서는 동물을 크게 실험동물, 반려동물, 산업(농장)동물, 야생동물로 분류해서 가르칩니다. 실험동물은 문자 그대로 실험, 즉 연구에 활용되는 동물들을 의미합니다. 대표적인 동물이 마우스 등의 설치류죠. 반려동물은 사람의 친구로서 삶을 공유하는 동물로, 개와 고양이가 대표적입니다. 산업동물은 우리에게 먹을거리(고기, 우유, 계란 등)를 제공하는 동물로 소, 돼지, 닭 등이 여기에 속하죠. 마지막으로 야생동물은 일반적으로 야생 상태에서 살아가는 동물로 멧돼지, 사자, 호랑이 등이 있습니다. 깊은 산속이나 열대우림 등에서 살기 때문에 쉽게 볼 수는 없지만, 동물원에 가면 꽤 여러 종류의 야생동물을 만날 수 있죠.

이렇게 네 가지로 분류하는 동물 중 우리가 일상에서 가장 접하기 힘든 실험동물들에 대해 살펴볼까요? 실험동물이라고 하면 대개 설치류를 생각하게 되는데요. 마우스mouse(생쥐), 랫rats(쥐), 햄스터, 저빌 등이 주로 실험에 활용됩니다. 그렇다면 우리는 왜 설치류를 실험동물로 활용하는 걸까요? 이 질문에 답하기 전에 잠시 실험동물의 역사를 살펴보겠습니다.

역사적으로 보면 연구용 생물체의 시초는 사실 개구리, 초파리, 선충 같은 하등동물이었습니다. 예를 들어, 유명한 유전학자 토머스 헌트 모건은 염색체가 유전 정보를 전달한다는 과학적인 사실을 초파리를 이용해 증명했죠. 그는 또 개구리 알을 연구에 활용하기도 했습니다. 이후에도 많은 과학자가 오랫동안 초파리나 개구리 등을 이용해 연구를 진행했고, 그 결과 위대한 업적을 성취해 노벨상을 받기도 했죠. 토머스 헌트 모건은 1933년 노벨 생리의학상을 받았고, 처음 복제 개구리를 만드는 데 성공한 존 거든도 2012년 노벨 생리의학상을 받았습니다. 복제 동물의 시작 또한 개구리였던 겁니다. 그리고 지금도 많은 초·중·고등학교에서 생물학의 기초로 개구리 해부학을 배우기도 합니다.

초파리나 개구리 등의 하등동물은 유전자가 포유동물보다

상대적으로 단순해서 유전자 돌연변이 관련 실험이 많이 이루어졌습니다. 이를 통해 다양한 유전자의 기능이 밝혀지는 등 유전학의 기초를 세우는 데 큰 공헌을 했죠. 하지만 개구리나 초파리 등을 대상으로 실험한 결과들이 포유동물에서는 다르게 나타나는 경우가 발생하면서 사람에게 적용하기에는 무리가 있다는 사실이 드러났습니다.

그래서 좀 더 고등동물이면서 포유동물로서 선택된 실험동물이 바로 설치류였습니다. 설치류가 실험동물로 주목받은 것은 임신 기간이 짧고(약 3주, 사람은 40주) 한 번에 여러 마리의 새끼를 낳아서 많은 개체를 실험에 활용할 수 있기 때문이었죠. 설치류 중에서도 마우스가 대표적인 실험동물로 알려져 있는데, 단순히 새끼를 많이 낳기 때문만은 아닙니다. 크기가 작고 사육 여건이 까다롭지 않아 지금까지 많은 실험실에서 활용해 온 겁니다. 현재는 마우스에서 분리한 다양한 종류의 세포(간세포, 근육세포 등)가 기초 연구의 기준이 되는 세포로 확립되었습니다. 마우스의 활용도가 높아진 것이죠.

이들 세포 중에서 가장 획기적인 것은 1982년 분리에 성공한 마우스의 배아 줄기세포입니다. 수정된 배아로부터 분리된 이 줄기세포를 이용함으로써 유전자 편집 마우스를 생산할 수 있는 기반이 마련되었죠.

마우스의 배아 줄기세포 분리가 어떤 의미를 갖는지 알면,

1부_세상을 바꾼 동물학자의 연구실

마우스가 실험동물로서 어떻게 폭발적으로 증가할 수 있었는지 쉽게 이해할 수 있습니다. 정자와 난자가 수정되어 배아가 되고, 배아는 여러 번의 세포분열을 거쳐 착상하게 됩니다. 착상이 되면 세포는 분화를 시작해 우리가 알고 있는 피부, 심장, 신경 등 다양한 기관으로 발달하게 되죠. 이런 모든 조직으로 분화할 수 있는 세포들이 착상 시기의 배아에 존재하는데, 이 세포들을 우리는 '배아 줄기세포'라고 부릅니다.

배아 줄기세포는 그렇게 모든 조직으로 분화할 수 있는 '만능 세포'로 불리지만, 실험실에서 배양하는 데는 그동안 많은 어려움이 있었습니다. 처음에는 전지전능한 세포를 분리해 배양에 성공한 듯하지만, 배양하고 며칠이 지나면 만능 세포의 능력이 사라져 다양한 세포로 변해버리는 겁니다. 과학자들은 만능 세포인 채로 유지하다가 특정 환경에서만 다양한 세포로 변하게 만들고 싶었는데 말이죠.

이후 상당한 연구 끝에 만능 세포의 분리와 배양 방법이 확립되어 실험실에서 상대적으로 쉽게 배양할 수 있게 되었습니다. 연구자들은 만능 세포를 오랫동안 배양·연구하면서 어떤 물질이 만능 세포 능력 유지에 중요한지 알게 되었는데, 그 물질은 바로 백혈병 억제 인자였습니다. 이 인자가 세포를 배양하는 환경에 포함되면 만능 세포의 능력을 유지하고, 이 인자가 사라지면 다양한 세포로 분화하는 것을 확인할 수 있었죠.

이렇게 백혈병 억제 인자가 들어 있는 배양 배지를 이용하면 만능 세포가 (이론적으로) 죽지 않고 실험실에서 오랫동안 배양할 수 있음을 알게 되면서, 다양한 유전자 변형 연구가 시작될 수 있었던 겁니다. 이런 배아 줄기세포의 분리, 배양 및 유전자 편집은 마우스의 실험동물로서의 입지를 탄탄하게 했죠.

최근 실험동물로 주목받는 또 다른 설치류는 햄스터입니다. 햄스터는 집에서 반려동물로 키우기도 하죠. 제 친구 중 한 명은 자녀들의 성화에 못 이겨 대형 마트에서 햄스터를 구입해 집에서 키우고 있습니다. 저희 아이들도 마트에 갈 때마다 햄스터 진열대 앞에 앉아 한참 구경하다 오곤 하죠. 귀여운 외모 덕분에 특히 어린아이들의 사랑을 받는 햄스터가 요즘 실험동물로 더욱 각광을 받고 있는 것은 2020년 창궐한 코로나19 바이러스 때문입니다. 햄스터가 다른 설치류에 비해 코로나19 바이러스에 감염이 잘 되고(마우스는 자연적으로 코로나에 잘 감염되지 않습니다), 증상이 사람과 유사하다는 특징이 있어서 백신과 치료제 후보를 햄스터에 적용해 효과를 일차적으로 검증했습니다.

설치류 외에도 많은 동물이 연구용으로 활용되고 있습니다. 토끼가 대표적인데요. 토끼는 독성 실험에서 중요한 역할을 해왔고, 지금도 다양한 의료제품 관련 실험에 활용되고 있습니다. 저도 공기 중의 미세먼지 농도에 따른 토끼의 호흡기 증상 연구에 참여했던 적이 있습니다.

개도 설치류만큼이나 역사가 오랜 실험동물입니다. 앞에서 살펴본 것처럼 당뇨병 치료제 인슐린이나 눈 유전병 치료제 개발에도 개가 실험동물로 활용되었죠. 독성 실험이나 약품 개발에도 여전히 개가 활용되고 있습니다. 하지만 모든 품종의 개가 실험동물로 이용되는 것은 아닙니다. 예를 들어 우리나라 토종 품종인 진돗개가 실험동물로 이용되는 경우는 거의 없죠. 개는 현재 400가지 이상의 품종이 있는 것으로 알려져 있는데, 그 가운데 실험동물로 가장 많이 활용되는 품종은 비글입니다. 비글은 혈통이 잘 고정되어 있고, 크기가 적당하며, 사람에게 온순하고, 훈련이 잘 되는 특징이 있어서 오랫동안 실험동물로 이용돼왔습니다. 특히 신약을 개발할 때 약물의 안전성 검사에 필수적으로 활용되고 있죠.

인류는 아직 극복하지 못한 여러 가지 질병과 싸우고 있습니다. 전 세계에서 그런 질병들을 치료하기 위한 신약 개발이 활발하게 진행되고 있는데요. 그 과정에서 가장 중요한 실험동물이 바로 원숭이입니다. 신약 개발 과정에서는 가능성이 있는 여러 후보 물질이 개발되는데, 조금이라도 부작용이 적은 치료제를 개발하기 위해 다양한 검사를 합니다. 가장 초기 단계 실험으로 설치류나 개를 통해 그 효능과 독성에 대한 검증이 완료되면, 거의 마지막 단계로 사람과 비슷한 영장류인 원숭이를 이용해 실험하는 것이죠. 코로나19 백신도 많은 국가에서 원숭이에게 먼저 접종해 안전성을 확인한 후 실제 사람에게 적용하는 단계를 거친 것입니다.

코로나19로 인해 최근 전파 속도가 빠른 대규모 전염병에 대한 관심이 급증했지만, 우리가 자주 접하는 동물들도 이런 전염성 질병에 시달려왔습니다. 구제역으로 엄청난 수의 소와 돼지가 살처분되기도 하고, 매년 겨울 조류독감으로 닭들이 순식간에 폐사하는 경우도 많습니다. 이를 방지하기 위한 가장 좋은 방법이 백신인데요. 동물들을 위한 백신을 개발할 때도 후보 백신을 해당 동물들에게 접종해 실험해야 합니다. 돼지 백신 실험에는 돼지를, 소의 경우는 소를, 닭에게는 닭을 실험동물로 활용하는 셈이지요.

다시 말해, 이런 농장동물들도 모두 실험동물이 될 수 있는데, 그중에서도 돼지는 사람과 장기와 생리가 비슷한 점이 많아서 다른 농장동물들에 비해 더 많이 실험에 활용됩니다. 개의 경우에도 실험동물로 많이 선택되는 특정 품종이 있는 것처럼, 돼지도 사람 관련 연구에 활용되는 품종은 따로 있습니다. 미니어처 돼지로 분류되는 괴팅겐과 유카탄 품종입니다.

우리에게 고기를 제공하는 보통의 돼지 품종은 300킬로그램 이상이지만, 이런 미니어처 돼지는 다 자라도 60~80킬로그램 으로 사람의 몸무게와 비슷합니다.

인간은 실험동물의 희생 덕분에 많은 질병으로부터 자유로워 졌습니다. 지금도 인류의 질병을 치료하기 위한 다양한 연구가 계속되고 있죠. 과학자의 시선으로 볼 때, 인간을 위한 실험동 물의 희생은 불가피한 면이 있습니다. 새롭게 개발되는 치료제 의 경우 실험동물에서 안전성을 확인하는 방법이 가장 정확하 고 확실하기 때문입니다.

다만 실험 과정에서 이런 동물들을 하나의 생명체로 존중해 야 합니다. 과거에는 실험동물들을 물건처럼 취급하는 경우가 많았습니다. 때로는 학대를 가하거나 고통 속에 방치하기도 했 죠. 그런 상황에 처한 동물들이 고통스럽고 괴로운 것은 말할 필요도 없겠지만, 사실 실험에 참여하는 연구자들도 극심한 스 트레스를 받습니다. 실험동물의 복지를 살피는 것은 동물을 위 하는 일일 뿐만 아니라 결국 인간을 위한 일이기도 한 것이죠.

실험동물과 함께하는 연구자들은 연구 중에 발생할 수 있는 비인간적이고 비윤리적인 상황을 개선하기 위해 고심해왔습니다. 1959년 영국의 렉스 버치와 윌리엄 러셀이 제안한 '3Rs'가 대표적인 동물실험 지침이 되고 있습니다. 3Rs, 즉 실험동물의 수를 줄이고Reduction, 가급적 동물실험을 다른 실험으로 대체하며Replacement, 실험 현장에서 동물의 고통을 경감하기Refinement 위한 다양한 방법을 강구하는 것이죠.

먼저 실험동물의 수를 줄이기 위해서는 동물실험을 설계할 때 최소한의 동물만을 사용할 수 있게 다각도로 검토해야 합니다. 그리고 꼭 필요하지 않은 경우에는 세포실험이나 컴퓨터 시뮬레이션으로 동물실험을 대체할 수도 있겠죠. 또 실험 과정에서 사육 환경을 개선하고 동물들의 고통을 줄여주기 위해 마취제와 진통제를 적절하게 사용해야 합니다. 이제는 많은 국가에서 이런 점들을 세밀한 규정으로 만들어서, 이를 따르지 않을 경우 실험을 허가하지 않는 제도를 운영하고 있습니다.

현재 실험동물의 수와 고통을 줄이는 활동이 가장 활발하게 실행되고 있는 곳은 화장품 업계입니다. 화장품과 실험동물이라니, 무슨 연관이 있을까 싶으시죠? 과거에는 새로운 화장품을 출시하려면 동물 안전성 테스트를 거쳐야 했습니다. 우리나라 화장품 회사들도 동물실험을 한 후에 제품을 출시해 전 세계로 수출했죠. 하지만 2013년 유럽연합에서 처음으로 동물실험을 거쳐 만들어진 화장품의 수입과 유통 및 판매를 금지했습니다. 이후 많은 나라가 여기에 동참하면서 수많은 실험동물

48

의 희생을 줄일 수 있었죠.

저는 동물병원에서 아픈 개를 치료하기 위해 최선을 다합니다. 생명이 위태로운 개나 고양이를 살리기 위해 밤을 새워가면서 가능한 모든 방법을 동원하죠. 때로는 동물 환자를 살리기 위해 저 자신의 몸을 등한시하기도 합니다.

그러나 실험동물을 대할 때는 다른 마음가짐으로 임해야 합니다. 실험동물은 연구를 위해 활용되는 동물로, 연구 목적 외로 사용해서는 안 됩니다. 그런데 일부 연구자들이 실험동물에 감정이입되는 경우가 종종 있습니다. 오랜 기간 함께 생활하다 보면 정이 드는 게 당연한 일이기도 하죠. 한번은 제가 가르치던 학생이 연구에 참여했는데, 그때 다루던 실험동물을 마음속으로 너무나 아끼게 된 모양입니다. 연구가 끝나고 그 동물을 안락사시켜야 하는 상황이 되자, 정신적으로 너무 힘들었던지 며칠 학교를 나오지 못하더군요. 마음 같아서는 그 동물을 분리해서 키우게 해주고 싶었지만… 실험동물은 결국 안락사로 생을 마치는 것이 운명이고 실험실의 규칙이었습니다만, 다행스럽게도 2018년 동물보호법이 개정되어 이제는 실험 후 반려동물로 살아가는 길이 열렸습니다.

연구 책임자로서 초심 연구자들에게 강조하는 것 중 하나가 실험동물에게 감정이입하지 말라는 것입니다. 저도 사람인지라, 말은 이렇게 하면서도 실험동물을 대하는 마음이 참 무겁습니다. 치료해야 할 대상과 실험해야 할 대상을 구분해야 하는 상황에서 오는 괴리감은 마음의 빚이 되어 남습니다. 연구자들이 동물실험을 대체할 방법을 계속해서 찾는 이유도 이 때문입니다. 동물실험을 대체할 것으로 기대되는 새로운 연구는 2부에서 이어 소개하겠습니다.

5

우리 몸에서는 매일
돌연변이가 일어난다

2019년 저는 교수에 임용된 지 9년 만에 처음으로 연구년을 신청했습니다. 한 학기 동안 다시 가슴 설레게 해줄 새로운 공부를 하기 위해 유럽행 비행기를 탔죠. 그때 제가 그 귀중한 시간을 보낸 곳이 바로 오스트리아 빈의 IMBA라는 분자생명공학연구소였습니다. 학계에서도 명성이 높은 곳이지만, 세련되고 멋진 건물이 출근을 즐겁게 만드는 곳이었습니다. 1층 입구로 들어서면 쾌적하고 넓은 로비 천장에 DNA의 이중나선을 형상화한 네온아트가 매달려 있고, 건강한 식사와 디저트를 파는 2층 카페테리아에서는 다양한 오스트리아식 메뉴를 제공해

매일 즐겁게 드나들었죠.

하지만 출입카드를 찍고 연구소 내부로 들어가면 비로소 제가 가장 좋아하는 공간이 나옵니다. 복층으로 높게 트인 긴 복도의 한쪽 면을 통유리로 막고, 편안한 소파들 사이에 멋진 조명과 식물을 배치해 마치 대형 카페 같은 느낌을 주는 휴식 공간입니다.

그런데 그곳에는 좀 당혹스러운 문구가 쓰여 있습니다. 'WHAT IF GOD WAS WRONG?' 높은 천장까지 이어진 한쪽 벽면을 꽉 채운 거대한 문장이라 읽지 않고 지나칠 수도 없습니다. '만약 신이 틀렸다면?'이라니… 신의 존재를 인정하고 신이 틀린 게 아닌지 의심한다는 건지, 아니면 신의 존재 자체를 부정한다는 건지 혼란스러웠습니다. 그러다 문득, 이 연구소의 맨 위층이 그레고어 멘델의 이름을 딴 세계적인 식물연구소라는 사실이 떠올랐습니다.

그레고어 멘델은 오스트리아의 성직자였습니다. 그는 수도원의 정원에서 완두콩을 교배해 관찰하면서 유전학을 연구했습니다. 한 형질을 결정하는 유전자는 한 쌍으로 이루어지며, 형질을 발현시키는 능력에 따라 우성유전자와 열성유전자로 구분하는 방법을 고안해, '우열의 법칙' '분리의 법칙' '독립의 법칙'을 정리해 발표했죠. 당시에는 환영받지 못한 이론이지만, 현재는 근대 유전학의 선구로 평가받고 있습니다.

그런데 종종 유전자의 열성과 우성의 의미를 오해하는 경우가 있습니다. 강하고 아름다운 형질을 발현하는 것이 우성유전자가 아닙니다. 열성유전자와 함께 있을 때 표면적으로 발현되는 것을 우성유전자라고 하는 것이죠. 저는 정돈이 어려운 제 곱슬머리보다 생머리가 좋아 보이는데, 안타깝게도 곱슬머리가 우성유전자입니다. 유전자의 우성과 열성에는 선호도나 의지, 열망은 반영되지 않는 것이죠.

유전의 법칙에는 선하거나 악한 의도가 없으며, 자연의 섭리는 우리를 납득시킬 의무가 없음을 이해할 때, 우리는 과학을 열린 마음으로 받아들일 수 있습니다. 그 당혹스러운 문장이 쓰여 있는 건물 꼭대기에는 멘델연구소가 있고, 그 아래층들은 다양한 분자생물학을 통해 유전 및 질병을 연구하는 곳이니, 그 의미는 아무래도 유전자와 관련이 있겠지요. 저는 지금도 종종 그 의미를 곱씹어봅니다.

유전에 관해 더 이야기해볼까요. 사람을 포함한 많은 포유동물은 생식세포를 통해 다음 세대로 그 유전자를 전달합니다. 덕분에 각 동물의 특징이 고스란히 이어지는 것이죠. 이렇게 부모 세대의 유전자가 자녀 세대로 전달될 때, 두 개체에게 전달

받은 유전자가 조합되어 부모와 큰 차이가 없는 자녀가 태어납니다. 하지만 세밀히 들여다보면 언제나 조금씩 변화가 일어나고 있답니다. 이를 '돌연변이'라고 하지요.

"우리 몸에서는 매일 자연적으로 돌연변이가 일어난다."

제가 강연을 할 때 자주 하는 말입니다. 돌연변이란 부모 세대에는 없던 새로운 형질이 나타나 다음 세대로 유전되는 현상을 말합니다. 우리는 대부분 외형적으로 차이가 없으면 돌연변이가 일어나지 않았다고 생각합니다. 그러나 지금 이 순간에도 모든 포유동물의 유전자는 세포분열을 하면서 돌연변이가 일어납니다. 단지 기능에 이상이 없는 수준이어서 우리가 그 변화를 느끼지 못할 뿐이죠.

사실 우리가 '돌연변이'라고 인식하는 엄청난 변화가 자연계에서 우연히 발생하는 경우는, 그 확률이 매우 낮을 뿐만 아니라 그렇게 태어난 동물은 일반적으로 면역이 약해서 야생에서 대부분 사라집니다. 그래서 우리가 볼 수 있는 경우는 드물수밖에 없죠. 일상에서 그런 '자연 돌연변이'를 직접 목격할 기회는 거의 없다고 해도 무방할 정도입니다.

하지만 우리는 일상생활 속에서 자연 돌연변이로 태어난 동물을 매일 보고 있습니다. 무슨 얼토당토않은 말이냐고요? 바로 인류의 가장 친한 친구라고 하는 개에 관한 이야기입니다. 개는 우리 인간에게 매우 친숙한 동물입니다. 하루라도 안 보는 날이 드물 정도죠. 반려동물로 사람과 함께 살아가는 개도 아주 많습니다.

그런 개가 자연 돌연변이로 태어난 동물이라니요? 과학자들은 개의 염색체를 모두 분석한 결과, 수만 년 전 늑대로부터 자연 돌연변이되어 진화한 동물이라는 사실을 밝혀냈습니다. 이후 사람들이 같은 형태의 돌연변이 품종을 교배해 개의 순종(품종)을 만들어냈고, 이렇게 순종으로 분류된 것이 현재 많은 사람이 키우고 있는 개의 품종이 된 것이죠. 우리나라 토종 순종으로는 진도개, 삽살개, 풍산개 등이 있고 외국에서 들여온 순종으로는 시베리안 허스키, 골든 리트리버 등 수많은 품종이 있습니다.

지금도 사람들은 이런 품종들의 순수 혈통을 유지하기 위해 계속 같은 품종끼리 교배하고 있습니다. 심지어는 같은 부모의 후손들끼리 교배하기도 하죠. 이런 걸 '근친교배'라고 하는데, 이 경우 자연 돌연변이가 누적되어 결과적으로 선천적 유전질병을 발생시킨다는 연구 결과가 보고되기도 했습니다.

개 말고도 자연 돌연변이의 또 다른 사례가 우리 가까이에 있을까요? 어릴 때 〈동물의 왕국〉이라는 프로그램을 보다가 백호,

즉 흰색 호랑이를 보고 무척 신기해했던 기억이 있습니다. 그때까지 제가 알고 있던 호랑이는 다 누런색 바탕에 검은색 줄이 있는 모습이었는데, 온몸이 하얗기만 한 백호의 자태는 너무나 멋있어 보였죠. 이후 학교에서 흰색 동물이 태어나는 원리에 대해 배우면서, 백호에 대한 동경은 측은함으로 변했지만요.

그 원리는 바로 색깔을 결정하는 유전자에서 돌연변이가 일어나 흰색으로 바뀌는 것인데, 이렇게 태어난 동물을 우리는 '알비노 종'이라고 부릅니다. 흰 호랑이나 흰 토끼 같은 알비노 종이 태어날 확률은 사실 매우 낮습니다. 그 희소성 때문에 동화나 만화영화 등에서는 신비한 존재로 그려지는 경우가 많죠. 힘이 세고 리더십도 있어서 무리의 우두머리 역할을 도맡기도 합니다. 저희 아이들이 즐겨보는 애니메이션 〈드래곤 길들이기〉에서는 막강한 힘을 가진 검은색 드래곤이 대장인데요. 시즌3에서는 같은 종류의 흰색 드래곤이 등장합니다. 훨씬 특별한 능력을 가진 신비한 존재로 그려지죠. 아이들이 예쁘다며 호들갑을 피우는 모습이 마치 백호에 반했던 제 어릴 적 모습 같아 웃음이 나더군요.

실제로 만화가 아닌 현실에서도 일부 부족들은 흰색 동물을 신성시하기도 하는데요. 그렇다면 돌연변이로 태어난 흰색 동물들은 정말 힘이 세고 특별한 능력이 있는 걸까요? 이미 예상하셨겠지만, 특정 색의 돌연변이가 특별한 능력을 부여하는 것

56

은 아닙니다.

이런 흰색 돌연변이가 한우韓牛에게서도 간혹 일어납니다. 한반도의 역사에서 소는 매우 중요한 의미가 있는 동물이죠. 오랫동안 우리 민족과 함께해온 토착 품종으로서, 농사일을 돕고 무거운 짐이나 사람을 운반하며 명절이나 집안 경사에는 고기를 공급하는 등 우리 선조들의 삶에서 없어서는 안 될 존재였습니다. 그래서 소가 임신을 하고 새끼를 낳으면 그 또한 집안의 큰 경사로 여겼죠.

한우는 이름처럼 대한민국을 대표하는 품종이 되었습니다. 한우의 혈통을 체계적으로 관리하고 좀 더 우수한 품종으로 개량하기 위해 사단법인 한국종축개량협회도 설립되었죠. 이 협회에 등록된 한우 암컷과 수컷 사이에서 태어난 송아지도 역시 협회에 등록되어야 한우로 인정받을 수 있는데요. 여기에 반드시 황색이어야 한다는 조건이 있습니다.

그런데 한우를 키우는 농가에 가끔 흰색 소가 태어납니다. 이들은 엄마 아빠가 협회에 등록된 한우여도 흰색이라는 이유 하나 때문에 한우로 인정받지 못하죠. 영화에서라면 다른 소들과 달리 흰색으로 태어났으니 뭔가 특별한 능력이 있는 신비한 존재로서 각광받겠지만, 현실은 정반대입니다. 한우로 인정을 받지 못하면, 시장에서 고기를 판매할 때도 다른 등급으로 분류되어 한우보다 낮은 가격이 매겨지죠.

2012년경 국립축산과학원 가축유전자원센터에 방문했을 때 흰색 한우를 보았습니다. 말로만 듣다 실제로 보니 정말 신기하더군요. 거기 계신 박사님들께 흰색 한우에게 특별히 다른 점이 있는지 여쭤보았습니다. 특별한 능력이 있는지, 발육에 특이한 점은 없는지, 육질이 더 뛰어난지… 하지만 당시 세 마리밖에 없어서 아직 흰색 한우의 특징을 정확히 알기는 어렵다고 하시더군요.

그래서 "그럼 이 흰색 한우들을 번식시켜서 그 특징을 알아보면 어떨까요?" 하고 물었더니, 실제로 흰색 한우의 수를 늘리려고 노력해보았으나 별 소득이 없었다고 이야기해주셨습니다. 5~6년 후에도 열 마리 내외로 크게 늘지 않았다는 거예요. 흰색 한우는 열성유전자 조합으로 태어나서 자주 아프고 번식도 잘 안 됐기 때문이죠. 열성유전자를 가진 동물들은 기형이 있거나 약하게 태어날 확률이 높아서 어릴 때부터 병에 시달리거나 성체가 되기 전에 죽는 경우가 많습니다.

국립축산과학원에서는 2009년 한우의 황색이 어떻게 흰색으로 돌연변이되는지 분석한 연구 결과를 발표했는데요. 그 보고에 따르면, 멜라닌 색소를 만드는 데 관여하는 유전자로 알려진 티로시나아제에서 돌연변이가 일어나기 때문이라고 합니다. 그리고 이런 자연 돌연변이 확률은 100만분의 1이라고 하네요.

우리 주변에서 볼 수 있는 자연 돌연변이의 또 다른 예로 근육이 비정상적으로 발달된 동물들이 있습니다. 포유동물의 근육은 근육을 키우는 유전자와 억제하는 유전자가 균형을 맞춰서 작동하게 되어 있습니다. 그래서 운동을 아무리 해도 근육이 늘어나는 데는 한계가 있죠. 근육 억제 유전자가 일정 부분 작동하기 때문에 근육이 엄청나게 증가하지는 않는 겁니다. 하지만 선천적으로 근육을 억제하는 유전자에 돌연변이가 일어나는 경우가 있습니다. 그래서 근육 억제 기능이 충분하지 않으면, 태어나면서부터 근육의 양이 다른 정상적인 동물에 비해서 비약적으로 증가합니다. 개와 소에게서 이런 현상이 관찰되었고, 사람에게서도 이런 경우가 보고된 바 있습니다. 2004년 미국과 독일 연구팀에 따르면, 갓 태어난 아기가 근육 억제 유전자의 돌연변이로 인해 근육이 심하게 발달된 사례가 관찰되었다고 합니다.

소의 근육 증가는 경제성과 연관되어 있습니다. 그래서 우연히 발견된 근육 돌연변이 소를 농가에서 선별해 키운 경우가 있는데요. 근육이 증가된 돌연변이 암컷과 수컷을 교배해 혈통으로 만든 것이 지금은 유명한 품종이 되었죠. 바로 벨지언블루와 피에드몬테세로, 근육이 두 배 이상 증가한 품종입니다.

이 품종들을 분석해 어떤 유전자에 돌연변이가 생긴 것인지 알아봤더니, 근육의 증가를 억제하는 것으로 알려진 GDF8이 었습니다. 유전자는 신호 전달 부분과 중간 단백질 생산 부분, 성숙 부분으로 구성되어 있는데, 벨지언블루와 피에드몬테세 같은 품종에서는 이 유전자의 성숙 부분에서 자연 돌연변이 가 발생해, 그 기능에 이상이 생겨서 근육이 두 배 이상 증가한 다는 사실이 밝혀진 겁니다. 이 두 품종 이외에도 여러 품종에 서 GDF8 돌연변이로 근육 증가 돌연변이가 보고되었다고 합니다.

저도 최근 한우의 개량에 관심이 많아져서, 어떻게 하면 더 큰 한우가 태어나도록 할 수 있을까 연구하고 있습니다. 목장 에서 아주 큰 한우를 발견하면 그들의 혈액을 수집해 유전자 를 분석하죠. 그리고 자연 돌연변이가 일어난 것과 유사하게 GDF8 유전자의 성숙 부분에 돌연변이를 유도하면, 벨지언블 루 같은 한우가 태어날 것이라는 가설을 세우고 연구를 진행 했습니다. 결과적으로 유전자 가위 기술인 CRISPR/Cas9을 적용하여 GDF8 유전자 돌연변이가 유도되었고, 실제로 근육 량이 증가된 한우가 태어났습니다. 관련 연구 논문은 2022년 에 발표되어 많은 사람의 주목을 받았고, 국제 학회에서 구두 발표를 하는 영광도 얻었습니다. 지금은 태어난 한우의 건강에 문제가 없는지 관찰하고, 교배를 통하여 다음 세대에서도 그 형질이 재현되는지에 대한 연구를 진행하고 있습니다.

×

동물들에게서 발생하는 자연 돌연변이를 잘 이해하면, 건강에 큰 문제를 주지 않고 경제성 있는 좋은 품종을 탄생시킬 수 있습니다. 사실 자연 상태에서 돌연변이가 일어나고, 그 변이가 고정되어 혈통으로 이어지는 일은 매우 드뭅니다. 자연 돌연변이가 발생할 확률 자체가 매우 낮거니와, 발생하더라도 앞에서 언급한 흰색 한우처럼 건강이나 번식에 문제가 있는 경우가 많아서 오래 생존하기가 어렵기 때문이죠. 하지만 유전자 증폭, 분석, 편집 등 현대 과학의 발달 덕택에 자연 돌연변이를 똑같이 재현할 수 있게 되었습니다. 그저 우연에 그쳐 어떻게 자연 돌연변이가 일어나는지 몰랐던 예전과 달리, 지금은 똑같은 돌연변이를 유도할 수 있으며, 머지않은 미래에 이 기술로 새로운 품종을 개량할 수도 있을 것입니다.

지금까지 보고된 자연 돌연변이 동물들은 대부분 기형을 가지고 있거나, 기능에 문제가 있었습니다. 다리가 여섯 개 달린 소, 머리가 두 개인 고양이 등 보기에 불편한 기형들이 있었죠. 저도 목장에서 머리가 두 개인 소가 태어나서 죽는 것을 본 적이 있습니다. 우리는 지금까지 이처럼 당혹스러운 돌연변이의 정확한 이유를 찾기보다는 대부분 쉬쉬하면서 없애는 쪽을 선택했습니다. 하지만 이런 태도가 결과적으로 과학의 발전을 저해했다고 할 수 있습니다.

소위 '비정상적인' 동물을 과학적으로 해석하려는 노력이 필요합니다. 그 기형적인 형태가 어떤 요인 때문에 나타났는지, 관련 유전자는 무엇이며 어떤 과정으로 발현되었는지 분석하고, 가능하다면 그 동물의 성장 과정을 잘 관찰해야 합니다. 그런 과학적인 분석이 쌓여서 축산업을 비롯한 다양한 산업의 경제적 효과를 높일 수 있을 뿐만 아니라, 훗날 질병 치료에도 실마리가 될 수 있을 것입니다.

6

암컷인 듯 암컷 아닌
수컷 같은 동물들

앞에서 다룬 자연 돌연변이 가운데 흥미로운 내용이 있어 조금 더 소개해보려고 합니다. 바로 자웅동체雌雄同體 동물에 관한 이야기입니다. 아시다시피 포유동물은 수정 직후 성별이 결정됩니다. 암컷 아니면 수컷이 되는 것이죠. 그런데 자웅동체는 암컷과 수컷의 기능을 한 몸에 가지고 태어납니다. 정말 놀라운 일이죠?

사실 수정된 포유동물의 배아는 착상 직후 분화 단계에서 원시 암컷 및 수컷의 생식기관을 둘 다 가지고 있습니다. 즉, 수정 초기에는 양쪽 생식기관으로 자랄 수 있는 세포들을 다 가진 채로 존재하는 것이죠. 이후 배아가 발달하는 과정에서 암컷의 염색체(XX)를 가진 개체는 원시 수컷 생식기관이 퇴화하고, 반대로 수컷의 염색체(XY)를 가진 개체는 원시 암컷의 생식기관이 퇴화해 사라집니다. 그런데 유전자의 기능 이상으로 발생 과정에서 퇴화되어야 하는 다른 성별의 원시 생식기관이 남겨져, 양쪽 성별을 다 갖고 태어난 동물을 자웅동체라고 합니다.

19년 전, 한 환자가 생식기관에서 피 같은 분비물이 나오는 증세로 내원했습니다. (저는 수의사니까 동물 환자를 돌보는데, 이 환자는 잉글리시 코커 스패니얼 품종의 개였습니다.) 보호자가 덧붙여 설명하기를, 강아지 때는 하루에 한두 번씩 규칙적으로 배뇨했는데, 커가면서 한 번에 해결하지 못하고 여러 차례 나눠서 싸고, 심지어 흘리고 다니기도 한다고 했습니다. 그때만 해도 저는 특별하지 않은 사례로 여겼습니다. 방광염이거나 비뇨생식기계에 종양이 생긴 것으로 생각했죠. 그런 경우가 많으니까요. 그래서 간단하게 치료가 될 것으로 예단했습니다.

그런데 환자의 몸 전체를 살펴보면서 생식기관 주변을 자세히 촉진해보니 뭔가 이상했습니다. 보호자는 분명 암컷이라고 했는데, 고환과 비슷한 조직이 만져지는 겁니다. 하지만 고환이라고 하기에는 나이에 비해 너무 작아 다른 조직에서 유래한 종양일 가능성도 있어 보였습니다. 그래서 일단 암컷 생식기관을 살펴보니, 일반적인 암컷과는 다른 형태더군요. 태어날 때는 정상이었지만 점점 암컷 생식기관 안쪽에서 혹 같은 것이 자랐고, 최근에는 뚜렷이 만져지기까지 했다는 보호자의 이야기를 듣고서야 깨달았습니다. 자웅동체다! 예전에도 비슷한 경우의 환자를 진료한 적이 있는데, 그 환자는 너무 어려서 이런 모습이 아니었기에 두 경우를 바로 연결시키지 못했던 거죠.

보호자에게 상황을 대략 설명한 후 동의를 얻어 추가 검사를 했습니다. 복강 초음파검사 결과 난소 모습이 조금 이상했고, 방광 외에 다른 주머니가 하나 더 있는 것이 발견되었습니다. 암컷인 줄로만 알았던 자신의 반려동물이 자웅동체가 거의 확실하다는 말을 들은 보호자는 몹시 당황스러워했습니다. 저는 아주 드문 일은 아니라고 보호자를 안심시킨 후 최대한 자세하게 설명했습니다. 고환 같아 보이는 것이 진짜 고환일 확률이 높고, 몸 안에는 난소와 고환이 함께 있을 것이며, 복강안에 있는 고환 조직은 향후 암이 될 확률이 높으므로, 외부의 수컷 생식기관과 복강 내 고환 조직을 모두 수술로 제거해야한다고 말이죠. 그리고 수술 과정이 복잡하고 수술비도 많이 나올 것 같다는 말씀도 드렸습니다.

보호자는 수술비 문제로 며칠간 고민한 끝에 수술을 받는 쪽으로 결정했습니다. 복강 안의 난소로 의심되는 조직을 절제해서 검사해보니, 고환과 난소가 합쳐져 있는 형태의 구조가 관찰되었습니다. 외부의 고환도 절제하고, 암컷 생식기 사이에 남아 있던 일부 수컷 생식기 또한 떼어냈습니다. 다행스럽게도 수술이 잘 마무리되어, 그 환자는 이제 진짜 암컷으로 살아갈 수 있게 되었죠.

동물병원에 오는 환자는 대부분 개와 고양이인데, 주로 개에게서 자웅동체가 발견됩니다. 그중에서도 앞선 사례처럼 코커 스패니얼 품종에서 유전적으로 발생 비율이 높다고 알려져 있죠. 강아지를 입양했을 경우, 성性성숙이 될 때까지 혹시 자웅동체가 아닌지 생식기관을 확인할 필요가 있습니다. 이후에도 자웅동체인 개를 세 번가량 더 진료하고 수술했으니, 정말 드문 일이 아닌 거죠.

자웅동체 개들을 진료하면서 왜 이런 일이 발생했는지 저도 궁금해졌습니다. 수술 중 떼어낸 자웅동체 개의 조직으로 간단한 유전자 분석을 했습니다. 염색체를 분석한 결과 XX 염색체로, 염색체상으로는 암컷으로 확인되었습니다. Y 염색체가 없을 때 수컷의 생식기가 발견되면 가장 먼저 의심해 볼 수 있는 것은 SRY 유전자의 발현입니다. SRY 유전자는 수정 후 초기 단계부터 지속적으로 발현되어 수컷으로 발달할 수 있게 도와줍니다. 현재의 이론으로는, SRY 유전자를 가지고 있으면

암컷 생식기관은 퇴화하고 수컷 생식 기관이 발달해 수컷이
되죠.

그런데 실험 결과, 그 개에서는 SRY 유전자를 발견할 수 없
었습니다. 이런 경우 성性분화에 영향을 주는 다른 유전자에
이상이 있다는 것이겠죠. 이 경우에는 어떻게 자웅동체가 되었
는지 이해할 수 없었지만, 당시에는 추가적인 연구를 진행할
수 있는 여건이 아니어서 접어둘 수밖에 없었습니다.

그 후로는 자웅동체 진료가 없어서 잊고 지냈는데, 2009년 어
느 날 신문기사 하나가 눈에 띄었습니다. 베를린 세계육상선수
권대회 여자 중장거리(800미터) 종목에서 우승한 남아프리카공
화국의 캐스터 세메냐 선수에 대한 이야기였죠. 그녀(?)의 경기
력이 다른 여자 선수들을 압도한 데다가 외모도 '남성적'이라
는 이유로 많은 사람이 성 판단 검사를 요구하는 등 논란이 분
분했습니다. 결국 세메냐 선수가 검사를 받아들였습니다. 그런
데 놀랍게도 염색체가 XY로 판명되었죠. 남성호르몬인 테스
토스테론 수치도 일반 여성에 비해 세 배 높게 나왔습니다. 외
부 생식기관은 여성이지만 내부 생식기관은 남성으로 확인된
겁니다.

우리는 아기가 태어나면 보통 외부 생식기관을 기준으로 성별을 판단하고, 그에 따라 양육합니다. 그러니 검사 전까지 세메냐 본인은 자신이 남성이라고는 꿈에도 생각지 못했을 겁니다. 그녀는 자신을 다른 친구들보다 근육이 발달해 운동을 잘하는 여성으로 생각하지 않았을까요? 우리 주변에서도 다른 여성보다 목소리가 굵고 근육이 발달한 여성, 또는 다른 남성보다 목소리가 가늘고 피부가 고운 남성을 흔히 볼 수 있으니까요. 그런데 막상 검사를 해보니, 그녀(?)의 몸 안에 남성의 생식기관인 고환이 있었고, 여기에서 분비된 남성호르몬으로 인해 다른 여성들보다 근육의 성장이나 근력 측면에서 월등했던 것입니다.

일반적으로 운동선수들에게 도핑 테스트를 하는 이유 중 하나는 경기에 참가하기 전 근력 강화 약물을 복용했는지를 확인하기 위해서입니다. 양성 반응이 나오면, 경우에 따라 선수 자격을 박탈하기도 하죠. 남성호르몬은 바로 이 약물과 비슷한 역할을 합니다. 하지만 세메냐의 경우 약물을 복용한 것이 아니라 생물학적으로 분비된 남성호르몬이기 때문에 금지 약물 검사에서 당연히 음성으로 나왔을 겁니다. 출전하는 경기마다 월등한 실력으로 우승한 세메냐의 비결은 바로 생물학적 성별 차이였다고 할 수 있죠.

그렇다면 세메냐는 여자 선수일까요, 남자 선수일까요? 10년 이상 지난 지금까지도 논란은 사그라들지 않고 있습니다. 국제 육상경기연맹은 신체적 돌연변이로 인한 능력 차이를 스포츠 정신에 어긋나는 것으로 판단해, 세메냐 선수처럼 남성호르몬 수치가 기준 이상이면 여성 종목에 참가하지 못하도록 하는 규정을 만들었습니다. 하지만 스포츠중재재판소가 참가 금지를 규정한 근거가 부족하고 차별의 소지가 있다고 판단해, 이 규정의 효력을 정지시켰죠. 이와 비슷한 사례가 앞으로도 얼마든지 나올 수 있는데, 스포츠계에서 이 문제를 어떻게 정리할지 관심을 가지고 지켜봐야겠습니다.

자웅동체와 관련해서, 최근 저는 소에게서 발생하는 이상한 현상에 대한 연구를 시작했습니다. 바로 프리마틴이라는 질병으로, 성별이 다른 쌍둥이가 임신되어 태어났을 때 암컷에서 생식 이상이 나타나는 경우입니다.(쌍둥이 중 수컷은 정상적인 생식 기능을 가지고 태어납니다.) 암컷의 생식 이상 증상을 보면, 외부 생식기관은 덜 발달하고, 내부 생식기관이 거의 발달하지 않아 불임이 됩니다. 또한 많은 프리마틴 암컷들은 외형적으로 수컷처럼 근육이 발달하기도 합니다. 이들의 염색체를 분석해보면 XX/XY 키메라 형태인 경우가 대부분이라고 알려져 있습니다.

이런 프리마틴 현상은 주로 반추류에서만 발생하는 특이한 유전적 질병입니다.

10여 년 전 연구에 필요한 암소를 구입하려고 여러 마리를 살펴보다가 프리마틴 암소를 검사한 적이 있습니다. 예상대로 내부 여성 생식기관인 자궁과 난소가 존재하지 않았습니다. 소의 경우 이성쌍태異性雙胎(성별이 다른 쌍둥이) 암컷의 약 8퍼센트만이 정상이고 나머지는 이런 문제를 겪는다고 알려져 있습니다.

소를 키우는 목장 주인들은 쌍둥이 임신을 썩 반기지 않습니다. 같은 성별이라면 물론 좋겠지만, 성별이 다를 경우 암소는 거의 불임이라는 것을 알기 때문이죠. 그래서 수소와 함께 태어난 암소는 임신을 시켜서 후손을 얻으려는 시도는 아예 하지 않고, 처음부터 비육肥育합니다. 고기를 얻을 목적으로 운동을 제한하거나 질이 좋은 사료를 주어 살찌게 하는 것이죠. 그러나 프리마틴 암소를 비육하는 데는 이런 비관적인 이유만 있는 것은 아닙니다. 앞에서 언급한 대로 프리마틴 암컷들은 수컷 염색체를 함께 가지고 있는 경우가 많은데, 그러면 정상적인 암소보다 근육이 더 발달되어 양질의 고기를 많이 얻을 수 있기 때문이기도 합니다.

앞에서 자웅동체 개의 SRY 유전자를 잠시 언급했습니다. SRY 유전자는 Y 염색체에 존재하며, 배아 발생 초기부터 발현되어 배아를 수컷으로 발달시킵니다. 이 장 도입부에서 배아 초기에는 암컷과 수컷의 원시 생식기관을 다 가지고 있다가 XX와 XY 염색체에 따라 다른 성별로 발달한다고 했죠? 엄밀히 말하면 Y 염색체 중의 SRY 유전자가 암컷의 형질 발현을 억제하는 동시에 수컷의 형질을 발현시키는 역할을 하는 것입니다. 그래서 돌연변이로 SRY 유전자를 가진 X 염색체가 있다면 XX에서도 암컷의 생식기관 발달이 저하되면서 수컷의 특징이 나타나게 되죠. 반대로 XY 개체의 Y 염색체에 SRY 유전자가 없으면 암컷의 모습으로 발달되기도 합니다.

현재까지는 프리마틴의 원인을 정확하게 설명하기 어려운 점이 있습니다. 앞서 이야기한 것처럼, 대부분의 프리마틴 암소에서 XX/XY 키메라 형태로 인해 Y 염색체가 존재하며, 그 안의 SRY 유전자로 인해 암컷의 생식기관이 발달하지 못해 불임이 되고, 반대로 수컷처럼 근육이 증가하는 것으로 해석되고 있습니다. 세메냐는 XY임에도 불구하고 Y 염색체의 SRY 유전자 이상으로 인해 여성의 모습으로 성장한 경우로 이해할 수 있을 것 같습니다.

이런 SRY 유전자 이상의 발생 원인은 아직 정확히 밝혀지지 않았습니다. 동물들의 경우 이 현상이 생명을 위협할 정도로 위험하지는 않지만, 동물의 번식을 연구하는 저로서는 호기심이 동하는 주제입니다.

이 주제와 관련해 제가 시작한 연구는 SRY 유전자의 기능에 관한 것인데요. 아직 초기 단계입니다. XX와 XY 배아에서 유래한 태반세포를 3D로 배양하는 것이 첫 번째 과제죠. (기존에는 대부분 2D 배양으로 세포가 바닥에 붙어서 평면으로 자랐다면, 3D 배양에서는 태반세포가 공중에 떠서 공처럼 자라게 됩니다. 마치 자궁벽에 착상해 자라는 것처럼요.) 그런 다음 서로 다른 성별의 태반세포를 쌍둥이가 임신된 것과 같은 형태로 만들 계획입니다. 그러면 XY의 태반세포에서 나오는 SRY 유전자가 XX 태반세포에 어떤 영향을 미치는지 유전학적으로 분석할 수 있겠죠. 이제 유전자 분석 기술의 발달로 과거에는 보지 못했던 많은 정보를 수집할 수 있게 되었습니다. 저도 이 기술로 프리마틴 현상을 더 잘 이해할 수 있게 되길 고대하고 있습니다.

최근에는 SRY 이후에 활성화되는 유전자의 기능에 대해서도 다양한 연구들이 이루어지고 있습니다. 주로 마우스를 이용해서 연구하는데, 그중 한 사례에서는 SRY보다 더 우선적으로 생식기관의 발달에 관여하는 유전자가 있다는 사실이 밝혀지기도 했습니다. 한편 소에서는 추가적인 SRY 유전자를 소

72

의 배아에 주입해서 그 기능을 좀 더 구체적으로 밝히는 연구가 미국에서 진행되었고, 그 연구 결과가 2021년 발표되었습니다. 추가적으로 SRY 유전자를 가진 소가 태어나서 분석하고 있죠.

동물에게서 나타나는 자웅동체 현상은 심각한 일로 여겨지지 않습니다. 산업동물의 경우 경제적 손실 정도로 인식되고, 반려동물에서는 신체적 불편함이나 종양이 발생하기도 하지만 병원에 방문해 수술을 받는 것으로 마무리되죠. 제가 자웅동체인 개 환자들을 진료했던 것처럼요. 물론 간단한 수술은 아니지만, 자웅동체 현상 자체로는 생명에 치명적인 위협이 되는 정도는 아니어서 상대적으로 관심과 연구 지원이 부족한 상황입니다. 저도 프리마틴에 대해 연구하겠다고 했을 때, 자웅동체 현상을 밝힐 수 있는 중요한 연구임에도 불구하고, 그런 문제보다는 사회적으로 중요한 전염성 질병에 대해 연구해보라는 조언을 받기도 했습니다.

그러나 사람의 자웅동체는 단순히 생리적인 불편함이나 건강상의 위험에 국한되지 않습니다. 성별의 혼란에 따른 정신적인 혼란과 사회활동 제약 등 여러 가지 복잡한 문제가 따르니까요. 캐스터 세메냐의 경우처럼 말이죠. 하지만 사람에게서는 자웅동체라는 이상 현상이 드물게 발생하기 때문에 깊이 있는 연구를 할 수 있는 데이터가 충분하지 않습니다. 이를 과학적으로 이해하고, 현명한 해결방안을 찾기 위해서도 동물의 자웅동체 현상에 대해 관심을 갖고 지속적으로 연구해야 하지 않을까요?

7

유전자를 보고 싶다

제가 학사과정을 마치고 대학원에서 석사과정을 시작했을 때 연구 주제 중 하나는 체세포 복제를 이용해 복제 배아를 만드는 것이었습니다. 그다음 단계로 체세포에 원하는 유전자를 발현시키고, 그 세포로 복제 배아를 만들어서 유전자의 기능을 밝히는 것이 주요 연구 목표였죠.

복제 배아를 만드는 첫 단계는 체세포를 배양하는 것인데요. 그 과정은 생각보다 어렵지 않았습니다. 일단 도축되는 동물 (당시 주된 연구 동물은 소였습니다) 또는 수술하거나 치료 중인 동물에서 1센티미터 정도의 작은 조직을 취해 연구실로 가져옵니다. 이 조직을 단백질 분해 효소로 처리하면 작은 세포들이 떨어져 나오는데, 이 세포들을 배양접시에서 키우는 거죠. 배양접시에서 자라기 시작한 체세포를 2~3개월간 배양하면서 유전자를 넣거나 뽑는 등의 연구 활동을 하게 됩니다.

위에서 "유전자를 넣거나 뽑는다"고 했는데요. 말로는 참 쉽습니다. 소금을 국에 넣는 것처럼 말이죠. 하지만 유전자를 세포에 집어넣는 과정은 생각보다 훨씬 어려웠습니다. 유전자는 투명한 물 또는 특수한 용매에 녹아 있어서 눈에 보이지도 않는답니다. 소금이 국에 녹는 것처럼 유전자도 세포에 스르르 녹아들어가면 좋을 텐데, 현실은 전혀 그렇지 않죠. 유전자를 체세포 위에 올려두면 그냥 물리적으로만 얹혀 있을 뿐, 유전자가 세포막을 뚫고 안으로 들어가도록 하려면 다른 조치를 해주어야 합니다. 세포막을 뚫을 수 있는 매개체와 유전자를 섞어서 체세포가 자라고 있는 배양접시에 넣어주어야 하는 거죠. (참고로 동물 세포는 세포막으로 둘러싸여 있는데, 바이러스를 제외한 거의 모든 외부 유전자는 세포막을 뚫고 들어갈 수 없습니다. 외부 유전자가 세포막을 뚫고 들어가기 위해서는 세포막에 쉽게 붙을 수 있는 매개체를 섞어주어야 하는데, 그런다고 모든 유전자가 들어가는 것은 아닙니다. 일부는 들어가고, 일부는 들어가지 않죠.)

그렇게 유전자를 체세포에 '넣고' 1~2일이 지나면, 다시 체세포에서 유전자를 '뽑아서' 확인하는 과정을 거쳐야 합니다. 유전자는 눈에 보이지 않기 때문에, 그 유전자가 정말 들어갔는지 확인하려면 다시 꺼내보는 수밖에 없는 거죠. 이때 PCR(연쇄중합반응)이라는 과정을 거쳐 유전자를 확인합니다. (PCR은 특정 유전자가 있는지를 확인하는 가장 일반적인 방법입니다. 최근 코로나 검사에 많이 적용되는 방법으로, 우리 몸에 코로나19 바이러스 유전자가 있는지 증폭해서 확인하는 것이죠.) 모두 눈에 보이지 않는 유전자를 다루는 과정이기 때문에 극도의 주의를 기울여야 합니다. 조금이라도 실수해서 유전자를 놓치게 되면 많은 비용과 시간을 들이고도 원하는 결과를 얻지 못하게 되니까요. 그러면 다시 일주일 이상을 실험해야 할 수도 있습니다.

어느 날, 실험을 지도해주시는 박사님께 여쭤보았습니다.

"유전자를 눈으로 보면서 좀 더 쉽게 실험할 수 있는 방법이 없을까요?"

"당연히 있지!"

계속된 실험에 지쳐서 넋두리처럼 질문한 거였는데, 박사님의 대답은 뜻밖이었습니다.

"유전자 중에는 세포 안으로 들어가면 색으로 표시가 되는 것들이 있지. 그 유전자를 이용하면 유전자가 들어간 세포와 안 들어간 세포를 쉽게 구별할 수 있어."

말씀을 듣고 보니 어렴풋이 책에서 읽은 기억이 있긴 한데, 직접 실험에 적용한 적이 없어서 쉽게 개념이 잡히지는 않았

습니다. 다시 실험 이론 서적을 찾아보았죠. 책에는 색을 나타
내는 유전자로 녹색형광단백질이 활발하게 적용된다고 쓰여
있었습니다. 이 유전자는 물에 녹아 있을 때는 투명해서 아무
것도 보이지 않지만, 세포에 들어가는 매개체와 섞어서 넣어
주면 녹색을 띠게 됩니다(물론 특수한 현미경으로 관찰해야 보입니다).
쉽게 유전자가 들어간 세포와 들어가지 않은 세포를 구별할
수 있어서, 복잡하게 다시 그 세포에서 유전자를 꺼내 PCR로
확인하는 작업을 할 필요가 없는 것이죠.

처음 현미경으로 관찰한 녹색 세포의 모습은 반할 만큼 아
름다웠습니다. 물론 미적으로 아름다웠다기보다는 복잡한 실
험 과정을 단축시켜주는 그 기능적 아름다움에 반한 마음이
더 컸지만요.

녹색형광단백질을 연구한 논문들을 찾아보니, 그동안 이 유전
자를 이용해 다양한 연구가 이루어졌고, 또한 놀라운 결과들도
발표되었더군요. 이 정도면 관련 연구자들에게 노벨상을 주어
야 하는 것 아닌가 싶었는데, 정말 녹색형광단백질을 발견하고
활용한 사람들(시모무라 오사무, 마틴 챌피, 로저 첸)이 2008년 노벨
화학상을 수상했더군요. 이렇게 대단한 것을 발견했으니 노벨

상을 받은 것이 당연하겠죠.

그렇다면 이 녹색형광단백질은 어디에서 왔을까요? 바로 자체 발광하는 해파리에서 처음 발견했다고 합니다. 작은 해양생물체인 해파리에서 반짝이는 것이 무엇인지 연구해 그 구조를 밝히고, 실험실에서 활용할 수 있도록 만든 것이죠. 그렇게 만들어진 녹색형광단백질은 현재 거의 모든 세포생물학 실험실에서 이용되고 있다고 해도 과언이 아닙니다.

그런데 녹색형광단백질의 발견과 노벨상 수상에 대해 재미있는 에피소드가 있습니다. 실제로 처음 해파리에서 녹색형광단백질 유전자를 (실험실에서) 분리하는 데 성공한 사람은 노벨상을 받은 세 사람이 아니었다는 겁니다. 바로 '불운의 과학자' 더글러스 프래셔 박사였죠. 1979년 오하이오 주립대학에서 박사학위를 받은 그는 조지아 대학에서 지도교수와 함께 해파리에서 형광단백질 유전자를 찾는 프로젝트를 수행했습니다. 프래셔는 이때 형광단백질 유전자를 일부 완성했고, 이후 우즈홀 해양연구소로 자리를 옮겨서 처음으로 녹색형광단백질의 유전자를 분리해냈죠.

프래셔는 이 유전자를 실제로 박테리아에 넣어서 작동되는지 확인하기 위해 주 정부에 연구비를 신청했지만 거절당하고 맙니다. 당시 그는 연구소의 계약직 연구원 신분이어서 연구비 지원이 없으면 독자적으로 연구를 진행할 수 없는 상황이었

죠. 결국 프래셔는 후속 연구를 하지 못했고, 연구소에서도 정
규직 자리를 얻지 못해 자신의 전문 분야인 생화학 연구를 계
속할 수 없게 되었습니다. 2008년 노벨 화학상이 발표되었을
때 프래셔는 운전기사로 일하고 있었다니, 정말 안타까운 일이
죠.(그렇다고 생화학 연구에 대한 열정을 접은 것은 아니어서, 이후에 로저 첸
의 연구소에 합류했다고 합니다.)

　과학은 다행스럽게도 한 사람의 연구로 끝나는 것이 아니어
서, 프래셔 개인의 불운 이후에도 계속 이어지며 발전할 수 있
었습니다. 먼저 여러 단백질 중에서 녹색형광단백질을 선택한
것은 노벨상 공동 수상자인 시모무라 오사무입니다. 시모무라
가 해파리에서 녹색형광단백질을 최초로 발견해 분리한 것이
죠. 이후 프래셔가 이 단백질의 유전자를 분리했으나 해파리가
아닌 유기체에서는 발현이 되지 않았습니다. 하지만 이 유전자
가 마틴 챌피의 실험에 제공되었고, 챌피가 대장균과 예쁜꼬마
선충 둘 모두에서 유전자 발현에 성공했습니다.

　이 연구는 프래셔의 형광 유전자가 없었더라면 불가능한 것
이었다고 챌피 본인도 언급했습니다. 뒤이어 로저 첸이 형광
유전자의 작동 기전을 밝히고, 발현이 안정적인 돌연변이 형광
단백질을 만들어낸 공로로 함께 노벨상을 수상했습니다. 현재
실험실에서 녹색형광단백을 간편하게 적용할 수 있는 것은 이
연구자들 모두의 공이라고 할 수 있죠.

그럼 이제 동물 연구 분야에서 녹색형광단백질이 어떻게 활용되는지 알아볼까요? 1995년 일본에서 이 녹색형광단백질을 가진 DNA를 마우스의 수정된 배아에 물리적으로 주입시켰습니다. 그 배아가 착상되어 몸 전체에서 녹색이 발광되는 유전자 도입 마우스가 태어났죠.

이렇게 녹색을 띠는 조직을 이용하면, 특정 유전자를 다른 동물에 이식했을 때 그 조직을 쉽고 정확하게 관찰하면서, 변화를 실시간으로 확인할 수 있습니다. 그래서 동물 연구를 하는 많은 과학자가 유전자 변형 동물을 만들 때 가장 먼저 시도하는 것이 바로 해당 동물에 녹색형광단백질을 주입하는 것입니다. 녹색을 띠는 랫, 토끼, 돼지, 소 등을 만드는 데 성공하면서 활용 범위가 점점 넓어지고 있죠.

저도 우유에서 사람의 단백질이 발현되도록 하는 연구를 할 때 녹색형광단백질을 이용했습니다. 일반적으로 단백질은 시각적으로 구분하기가 쉽지 않기 때문에, 우유에 외부 단백질이 있는지 없는지 확인하기 위한 방법이었죠. 녹색을 띠는 암수 송아지가 태어나 건강하게 잘 자라서 어른이 되었고, 이들을 교배시켜 송아지를 얻었습니다. 그렇게 태어난 송아지를 살펴보니, 역시 녹색을 띠더군요. 이는 특정 유전자를 도입한 암

수 개체 사이에서 태어난 다음 세대가 그 유전자를 그대로 보존한다는 것을 의미합니다. 이론적으로는 쉽게 예상이 되는 당연한 결과였지만, 그것을 실험적으로 증명한 첫 사례였습니다.

하지만 이 연구에서 더욱 흥미로운 부분은 이제부터입니다. 송아지를 낳은 엄마 소의 우유를 특수 현미경으로 관찰해보니, 녹색의 형광단백질이 반짝이고 있었습니다. 우리는 모두 흥분을 감추지 못했죠. 그것은 생명공학 기술을 적용해서 맞춤형 우유, 즉 성분을 원하는 대로 바꾼 우유를 생산할 수 있다는 의미였으니까요. 우유에서 형광단백질이 나왔다는 것은, 우유에서 우리가 원하는 단백질이 나오도록 할 수 있다는 뜻이었습니다.

그렇다면 왜 다른 방법이나 다른 세포가 아닌 우유에서 특정 단백질이 나오게 하려는 걸까요? 동물의 세포 중에서 가장 완벽하고 많은 양의 단백질을 생산할 수 있는 것이 유선 상피세포인데요(상피세포란 동물의 몸 표면이나 몸속 장기 내부 표면을 덮고 있는 세포). 지구상에 존재하는 동물 중 가장 많은 유선 상피세포를 가져 대량의 단백질을 생산할 수 있는 동물이 바로 소입니다. 젖소는 하루에 평균 30리터의 우유를 생산하는데, 1년이면 약 1만 리터입니다. 우유 중 단백질의 비율은 약 4퍼센트이니, 젖소 한 마리가 1년 동안 약 400리터의 단백질을 생산하는 셈이죠. 현재 화장품 재료로 많이 쓰이는 표피 성장인자의 가격은 1밀리그램에 30만 원 정도입니다. 젖소 한 마리가 1년에 400리터의 표피 성장인자를 생산할 수 있다면, 그 가치는 연간 1,200억 원이라는 엄청난 금액이 되죠. 그만큼 큰 경제적 파급 효과를 기대할 수 있습니다.

물론 이렇게 산업적으로 응용할 수 있으려면 앞으로 넘어야 할 산이 많습니다. 10년 이상 걸릴지도 모르죠. 현재로서는 표피 성장인자와 같은 고부가가치 단백질을 유선세포에서 발현시키는 연구를 진행하고 있다는 이야기 정도만 할 수 있을 것 같군요.

건강하게 태어나서 자라고 있는 녹색형광단백질 발현 소는 연구를 위해 관찰하는 것 외에도 다양한 연구와 교육에 활용되고 있습니다. 우리 연구실에 견학 오는 고등학생이나 대학생들에게 녹색형광단백질에 대한 설명과 함께 실제로 현미경으로 보여주면 다들 몹시 신기해하죠. 연구실에서 녹색형광단백질이 발현되는 세포를 촬영한 동영상을 국립과천과학관에 전시하도록 제공하기도 했답니다.

그렇다면 녹색을 발현하는 유전자만 존재하는 걸까요? 물론 아닙니다. 당연히 온갖 색이 존재하겠죠. 바닷속에는 다양한 색의 생물들이 살고 있습니다. 그중 디스코소마 말미잘에서는 빨강형광단백질 유전자를 앞서 설명한 녹색형광단백질처럼 분리했습니다. 처음에는 빨강형광단백질이 일부 독성이 있고 현미경으로 관찰하는 데 불안정한 구조였으나, 다양한 돌연변이를 유도해 유전자를 변형시킨 연구 결과가 2004년 발표되었죠. 이 돌연변이들의 색상이 과일 색과 비슷해서, 각각 토마토·자두·체리 등의 이름을 붙여 다양한 생물학적 연구에 활용하고 있답니다. 각각 빨강형광단백질과 녹색형광단백질을 넣은 세포들을 섞으면, 서로 다른 두 색이 발현됩니다. 이를 통해 세포들이 어떻게 활동하는지 시각적으로 쉽고 정확하게 확인할 수 있다는 장점이 있죠.

과학자들은 여러 색의 형광단백질 유전자 중에서 파란색·녹색·노란색·빨간색을 다양한 형태로 배열해 99가지 이상의 아름다운 형광단백질 발현 시스템을 만들었습니다. 색 유전자들이 특수한 신호에 따라 한 가지 색을 발현시키기도 하고, 두 가지 색이 동시에 발현되기도 하도록 만든 것이죠.

이 시스템을 마우스에 적용해서 유전자 변형 마우스를 탄생시키기도 했습니다. 현미경으로 이 마우스의 뇌를 관찰하면 모든 신경세포 하나하나가 다른 색으로 표시됩니다. 이렇게 여러 가지 색이 발현된 뇌를 가진 쥐를 연구자들은 '브레인보 쥐brainbow mice'라고 부른답니다. 무지개(rainbow)처럼 아름답다고 해서 이런 이름을 붙인 거겠죠. 인터넷에서 'brainbow' 관련 이미지를 검색하면 유채화 같은 그림들이 보이는데, 이게 물감으로 색칠한 것이 아니고, 앞서 이야기한 네 가지 형광단백질 유전자가 세포에서 무작위로 섞여 발현된 거라고 합니다. 브레인보 쥐는 뇌의 기능을 밝히는 연구 등 다양한 연구에 중요한 실험동물로 활용되고 있습니다. 2007년 과학잡지 《네이처》에도 발표된 바 있죠.

유전자와 색을 연구하는 과학자들은 단풍 현상에도 관심을 가졌습니다. 가을이 되면 녹색 잎이 붉은색으로 변하는데, 그 과정에 관여하는 유전자를 찾기 위해 염기서열을 분석한 거죠. 연구를 통해 온도와 빛에 의해 색이 변하는 유전자를 찾아내서 동물의 세포에 주입한 다음, 온도와 빛 조건을 바꿔주니 실제로 색이 바뀌었습니다. 이 연구는 환경의 변화에 따라 유전자가 작동하며 반응하는 원리를 이해하는 바탕이 되었고, 이를 활용해 기후변화에 관한 연구를 세포와 동물에 적용하며 연결지을 수 있을 것으로 기대하고 있습니다.

우리 주변에는 아름다운 색을 띤 생물이 정말 많습니다. 단순히 '색이 예쁘다'는 생각을 넘어서, 왜 이런 색이 나타나는지 궁금해하고, 더 나아가 색이 발현되는 원리를 밝히고, 그 색을 활용해 세포생물학의 혁신적인 도구를 만들어낸 과학자들의

발상이 참으로 놀랍습니다. 과학은 일상에서 시작된다는 것을
색을 통한 연구에서 여실히 알 수 있죠.

8

광우병을 일으키는
변형 프리온은 왜 생길까?

박사과정 중에는 밤 시간을 집이 아닌 연구실에서 보내는 날이 더 많았습니다. 실험과 논문의 압박으로 늦게까지 커피를 마시며 버티는 것이 일상이었죠. 그러던 어느 날 늦은 밤, 연구실로 전화가 걸려왔습니다.

"그쪽 연구팀이 프리온 질병에 걸리지 않는 소를 생산했다는 게 사실입니까?"

자신을 이탈리아 기자라고 밝힌 전화기 너머 남자는 흥분한 어조로 다짜고짜 이렇게 물었습니다. 이탈리아 시간은 오후였겠지만 전화를 받는 한국은 밤이었는데, 시차를 생각하지 못했을 만큼 다급했나 봅니다(만약 당연히 밤늦게까지 연구실에 있겠거니 생각했다면… 그건 좀 쓸쓸하니 다급한 것으로 생각하고 싶었습니다). 당시 연구 과제 중 하나가 프리온 돌연변이 실험이었는데, 그 내용 중 일부가 어느 신문에 소개되었고, 그 기사를 보고 전화를 한 모양이더군요.

그 연구에 대해 간략히 설명하자면, 정상 프리온과 돌연변이 프리온이 경쟁하도록 만들어서 병원성이 생기지 못하게 하는 것이었습니다. 프리온은 대부분의 포유동물의 세포 표면에 있는 정상 단백질인데, 이 단백질이 돌연변이가 되어 병원성을 갖게 되면 '광우병'이라는 치명적인 질병이 발생하는 것으로 알려져 있었죠. 그래서 병원성 프리온 단백질보다 더 강력한 새로운 돌연변이 프리온을 만들어 대항하는 방식으로 병원성의 작동을 막는 내용의 연구였습니다.

갑작스러운 국제전화도 그렇지만, 무엇보다 질문의 내용이 좀 황당했습니다. 그때까지만 해도 이론과 가설 속에서 프리온의 돌연변이를 만들고, 정상 프리온과 경쟁시키고, 그리고 이 유전자를 가진 배아를 만들어보는 초기 단계의 실험이었기 때문입니다. 이런 상황에서 몇 단계를 건너뛰고 프리온 질병 저항성 소를 생산했느냐는 질문은 그야말로 '아닌 밤중에 홍두깨' 같았죠. 아직 확언할 수 있는 단계가 아니라고 선을 그으며, 과도한 기대나 추측이 생기지 않도록 통화를 길지 않게 마무리했습니다.

전화를 끊고 이탈리아 기자가 왜 그 기사를 그토록 반겼을까 생각해봤습니다. 몇 년 전에 영국에서 발생한 프리온 질병이 그 주변 국가에까지 막대한 피해를 입힌 일이 있었는데, 그 때문인 듯했습니다. 농가 등의 경제적인 손실뿐만 아니라, 일반 대중에게까지 막연한 공포를 심어준 이 질병은 스크래피Scrapie라는 이름으로 불렸습니다. 양이나 염소의 뇌가 스펀지처럼 구멍이 뚫리는 신경질환인데, '긁다'라는 뜻의 영어 'scrape'에서 따온 이름처럼, 나무나 바닥에 몸을 심하게 비벼대는 증상을 보입니다.

이 질병이 정확히 언제 처음 발생했는지 기록은 남아 있지 않지만, 대략 18~19세기에 발병된 것으로 추정하고 있습니다. 현재까지도 정확한 치료법은 없는 것으로 알려져 있고요. 원인체에 대해서도 명확하지 않은데, 프리온이 변형되어 분해되지 않고 쌓여서 중추신경계에 이상이 생긴다는 이론이 우세합니다.

예전에는 스크래피가 주로 양이나 염소에서 드물게 발생했고, 정확한 발병 보고도 거의 없어서 일반인들은 잘 알지 못하는 질병이었습니다. 그런데 1985년 영국에서 소들이 침을 흘리고 비틀거리는 등 중추신경계 이상 증상을 보여서 부검해보니, 스크래피에 걸린 양처럼 뇌에 스펀지 같은 구멍이 뚫려 있었던 겁니다. 이때 소들의 증상이 미친 것 같다고 해서 광우병狂牛病이라는 이름이 새롭게 붙었죠.

양이나 염소의 질병으로 알려진 스크래피가 어떻게 소에게 전파된 걸까요? 추적해보니, 1970년대에 양을 도축해서 만든 육골분 등이 동물성 성분으로 사료에 유입되었는데, 이 사료를 먹은 소들에게서 광우병이 발병한 것으로 밝혀졌죠. 1980년대 후반부터 1990년대 초반까지 이런 사료의 영향으로 영국의 수만 마리 소에서 광우병이 발병해 전 유럽이 긴장했습니다.

하지만 이 광우병은 소에서만 발생하는 질병으로 알려졌습니다. 사회적 혼란으로 번질 만한 사실은 아니었던 거죠. 우리나라에서도 종종 조류독감이나 구제역 등의 전염성 질병에 대응하는 것처럼, 당시 사람들도 방역에 힘을 쏟았죠. 양의 육골분이 들어간 사료를 전면 금지하고 광우병에 걸린 소들을 전부 소각 처리하는 등, 전 세계가 강력하게 통제해 광우병 발생도 진정돼갔습니다.

그런데 1996년 영국에서 사람에게 드물게 발생해왔던 크로이츠펠트-야콥병CJD을 앓는 환자 중 일부에서 광우병을 일으키는 원인 물질인 비정상 프리온이 발견되었습니다. 원래 사람에게도 정상 프리온이 변형되어 발생하는 프리온 질병이 있다는 사실은 오래전부터 알려져 있었습니다. 바로 크로이츠펠트 - 야콥병으로, 스크래피나 광우병처럼 왜 발생하는지에 대해서는 정확히 밝혀지지 않은 상태였죠. 그런데 광우병의 원인 물질인 병원성 프리온이 사람에게 크로이츠펠트 - 야콥병을 일으킬 수 있다는 사실이 밝혀지면서 사람들은 다시 커다란 공포에 휩싸였습니다. 해당 환자들은 광우병이 발생한 지역에서 생산된 소고기를 오랫동안 섭취했다는 공통점이 있었죠. 당시 이 질병에 대한 경각심이 커지면서, 소고기 섭취에 대한 두려움이 영국과 주변 유럽뿐만 아니라 전 세계로 번져나갔습니다.

이렇게 광우병에 의해 사람에게 발생하는 CJD를 따로 분리해 '변형 크로이츠펠트 - 야콥병vCJD'이라고 부릅니다. 미국 질병센터에 보고된 바에 따르면, 1996년 처음 보고된 이래 2018년까지 약 231건이 발생했다고 합니다. 현재는 광우병 검사를 철저하게 하고 강력하게 통제하기 때문에 사람에게 전파되는 일은 거의 없는 것으로 알려져 있습니다.

사슴에게 발생하는 프리온 질병도 있습니다. 이름하여 광록병狂鹿病이라고 하죠. 광록병도 다른 동물의 프리온 질병처럼 신경 증상이 나타납니다. 여기에 체중이 지속적으로 줄어서, '소모성 질병'이라고 부르기도 하죠. 이 또한 스크래피나 광우병처럼 치료제 및 백신이 없는 것으로 알려져 있습니다. 우리나라에서는 양과 마찬가지로 사슴의 사육 규모가 작기 때문에 위험성이 널리 알려지지 않았지만, 전 세계에서 사슴의 뿔(녹용)을 가장 많이 소비하는 국가 중 하나라서 광록병을 매우 민감하게 통제하고 있답니다.

양과 염소의 스크래피, 소의 광우병, 사람의 크로이츠펠트 - 야콥병, 사슴의 광록병 등은 모두 병원성 프리온이 중추신경계 이상을 일으키는 질병입니다. 일부에서는 이 질병을 일으키는 원인 물질이 병원성 프리온이 아니라고 주장하기도 합니다. 하지만 현재 우세한 이론은 돌연변이가 발생한 비정상적 프리온이 분해되지 않고 중추신경계에 쌓여서 신경 기능에 영향을 미쳐 치명적인 신경퇴행성 증상을 일으킨다는 것입니다.

정상 프리온은 생명체의 몸 안에서 어떤 기능을 하는 걸까요? 사실 거의 모든 포유동물은 몸에 정상 프리온을 가지고 있는 것으로 알려져 있습니다. 그 말은 당연히 생명에 필요한 기능을 한다는 뜻이겠지만, 정상 프리온의 기능에 대해서 밝혀진 것은 많지 않습니다. 현재까지 알려진 기능으로는 세포분열 중 DNA에 오류가 생긴 부분을 고치는 데 관여하며, 뇌의 장기 기억 기능을 돕고, 세포 내에서 철Fe 성분이 일정한 상태를 유지하는 데 기여하고, 항산화제로서의 기능을 한다는 정도죠.

최근에는 줄기세포의 전능성에도 관여하는 것으로 알려지기도 했습니다.

그렇다면 정상적인 기능을 하는 프리온이 왜 병원성 프리온으로 바뀌는 걸까요? 많은 과학자가 이 과정을 규명하기 위해 노력했지만, 정확히 어떤 원인 물질 또는 돌연변이에 의해서 이런 변형이 일어나는지는 밝혀내지 못했습니다. 병원성 프리온이 스크래피 등의 원인임을 밝혀서 1997년 노벨 생리의학상을 받은 스탠리 프루지너도 왜 병원성 프리온이 생기는지에 대해서는 규명하지 못했죠. (알려지지 않은) 어떤 원인에 의해 정상 프리온이 병원성으로 변형되고, 병원성 프리온은 계속해서 다른 정상 프리온을 변형시킵니다. 그렇게 증가한 병원성 프리온이 결국 신경 조직을 파괴해 병을 일으키는 것이죠.

프리온prion은 단백질protein과 바이러스 입자virion의 합성어입니다. 보통의 바이러스는 단백질과 핵산(DNA 혹은 RNA)으로 구성됩니다. 프리온이 바이러스와 다른 점은 핵산 없이 단백질만으로 이루어진 병원체라는 것이죠. 즉, 프리온은 과학적으로 단백질입니다. 이론적으로 단백질은 스스로 증식할 수 없죠. 그런데 병원성 프리온은 증식을 한다고 알려져 있습니다. 보통은 단백질을 만드는 가장 초기의 코드인 DNA가 망가지면 단백질은 자동으로 더 이상 생성되지 않고, 시간이 지나면 소멸합니다. 그런데 병원성 프리온의 경우에는 특이하게도, DNA

나 RNA를 망가뜨리는 자외선을 쪼여 단백질이 만들어질 수 없는 환경을 만들어도 계속 증식하는 현상이 관찰되었습니다.

이런 비정상적인 증식 때문에, 스크래피 등의 원인 물질이 병원성 프리온이라는 주장이 처음 제기됐을 때, 많은 사람이 받아들이지 않았다고 합니다. 단백질은 스스로 증식하지 못한다는 기존 과학의 개념에 배치되는 주장이었으니까요. 그러니 연구 데이터를 기반으로 이를 증명해낸 프루지너의 학문적 업적이 정말 대단한 것이지요.

현재까지 알려진 이론에 따르면, 몸 안에 존재하는 정상적인 프리온이 어떤 원인에 의해 병원성 프리온으로 변한다는 것인데요. 단순하게 생각하면, 몸 안에 정상 프리온이 없으면 병원성 프리온으로 변할 수도 없으니 관련 질병이 발생할 가능성 자체가 없어지는 것 아닐까요? 이런 생각에 기초해서, 과학자들은 유전자 변형 동물을 이용해 프리온 관련 연구를 하게 됩니다. 즉, 프리온이 없는 마우스를 만들어서, 실제로 프리온 질병에 걸리지 않는지, 프리온 없이도 건강하게 잘 살아갈 수 있는지 연구한 것이죠. 하지만 아직 명확한 결론에 이르지는 못하고 있습니다. 일부에서는 프리온이 제거된 마우스들이 건강하다는 보고가 있는 반면, 또 다른 일부에서는 체중이 빠지거나 신경 증상이 나타났다는 보고도 있었거든요. 신경 증상이 나타나는 것은 프리온 유전자가 제거된 후 '프리온 유사 단백질'을 만들어내는 유전자가 활성화되기 때문이라는 연구 결과도 있었습니다. 또 프리온 유사 단백질이 수컷의 고환에 많이 분포하며, 이 단백질이 제거되면 수컷의 경우 불임이 된다는 의외의 연구 결과도 발표되었죠.

지금도 기초과학 분야에서는 마우스 등의 설치류를 활용해서 프리온의 기능을 밝히는 연구가 꾸준히 진행되고 있습니다. 하지만 마우스에게서는 다른 동물들에서처럼 자연 발병하는 병원성 프리온 질병이 나타난 사례가 없기 때문에, 연구 결과를 사람이나 소 등에 대입하기에는 한계가 있는 실정이지요.

그래서 실제 프리온 질병이 발병하는 동물에서 그 기능을 살펴보는 연구도 진행되었습니다. 그중 주목할 만한 성과는 미국 과학자들에 의해 2007년 프리온이 제거된 소가 태어났다는 보고입니다. 그 소들이 아무 문제 없이 잘 자라고 있다는 소식이 《네이처 바이오테크놀로지Nature Biotechnology》에 실리기도 했죠. 하지만 어떤 이유에서인지 그 후 태어난 소들에 대한 연구 보고서를 찾아볼 수가 없습니다. 관련 후속 연구가 진행되고 있는지 알 수 없어서 개인적으로 무척 아쉽습니다.

저도 오랫동안 프리온에 대해서 연구를 해왔습니다. '질병을 일으키는 원인 물질인 프리온이 소에 존재하는 이유는 무엇이며 어떤 기능을 하는 걸까?' 하는 궁금증에서 시작된 연구는 '마우스에서처럼 소에서 프리온을 제거하면 어떤 생물학적 현상들이 일어날까?'에 대한 호기심으로 이어졌죠. 하지만 국가 연구비를 지원하는 기관들에 '소의 체세포에서 프리온을 제거한 후 수정란을 만들어서 기능을 분석하겠다'는 내용의 제안서를 제출하면 대부분 '왜 굳이 발생하지도 않은 문제에 대해 연구를 하려고 하느냐'는 답이 돌아왔습니다.

실제로 프리온이 없는 소를 만드는 데 필요한 연구비를 지원받는 데만 3년이 걸렸습니다. 매년 평가에서 '실현 가능성이 없다' 또는 '연구로서 중요도가 낮다' 등의 이유로 고배를 마셨죠. 비록 우리나라에서는 아직 발생하지 않은 질병이라고 해도 다른 나라의 사례를 보면 매우 위험한 질병임이 분명하고, 실현 가능성은 직접 해봐야 알 수 있을 텐데 말입니다.

2017년 간신히 지원받은 연구비로, 다시 3년의 연구를 통해 실제로 프리온이 제거된 소가 태어났습니다. 실험실에서 유전자와 배아를 다루는 데 걸리는 시간은 상대적으로 짧아도, 소의 임신 기간이 열 달이므로 대동물에서는 이런 연구에 오랜 시간이 소요됩니다. 게다가 실험 대상 동물의 가격이 높아 한꺼번에 많은 암컷에게 수정란을 이식하지 못하는 것도 시간이 오래 걸리는 한 가지 원인이 됩니다. 그래서 소에서 3년이 걸렸다면, 빠른 속도의 성과라고 할 수 있죠.

원하는 형질을 가진 소가 태어나면 그 소에 관한 연구에서 그치는 것이 아니라, 암컷과 수컷을 모두 확보해 그 사이에서 태어난 새끼도 관찰하고 분석하는 방향으로 진행되기 때문에, 심지어 아직도 많은 시간이 더 필요하다는 사실에 놀라실 수도 있겠습니다. 저도 아직은 프리온을 제거하면 그 동물에게 생물학적으로 어떤 나쁜 점이 있는지, 어떤 특별한 현상이 나타나는지 확인하지 못했습니다. 그래도 꾸준히 관련 연구를 하다 보면 프리온에 대해 좀 더 객관적인 사실을 밝힐 수 있겠지요.

2008년 우리나라는 광우병 관련 문제로 큰 혼란을 겪었습니다. 정부가 미국산 소고기 수입에 관한 협상 결과를 발표하면서 광우병 위험 부위의 수입을 허용하고, 미국에서 광우병이 발생해도 수입을 중단할 수 없다는 내용을 포함시켰기 때문이었죠. 많은 사람들이 미국산 소고기 수입을 반대하는 촛불시위에 참여하는 등 사회적으로 혼란스러운 시기를 지나는 동안, 저도 동물을 연구하는 과학자로서 도움이 될 수 있는 방법이 없을까 고민했습니다. 제가 내린 결론은, 사소한 것이라도 정확한 사실을 밝혀내기 위해 노력하는 것이 과학자의 의무라는 것이었습니다. 프리온에 대한 연구도 그런 마음에서 시작되었고, 앞으로도 꾸준히 관련 연구를 이어나가고 싶습니다.

고양이도 후천적
면역결핍증에 걸린다고?

제가 이 글을 쓰고 있는 2022년 현재, 옆에서 포도를 먹는 초등학생 딸에게 '바이러스'라고 하면 뭐가 생각나는지 물었더니 1초의 망설임도 없이 '코로나'라고 대답합니다. 우리는 지금 코로나19 팬데믹 속에 살고 있습니다. 이제 마스크를 쓰지 않고 바깥바람을 들이마시는 것이 낯설고, 제 의지와는 상관없이 온라인 세계에 빠르게 적응해가는 중입니다. 깜빡 잊고 잠시 벗고 있다가 화들짝 놀라 마스크를 쓰는 순간 꿈에서 깨 현실로 돌아온 듯 서글퍼집니다. 그럴 때 질병이 우리를 지배하고 있음을 새삼 실감하게 되죠. 가장 두려운 것은 이 상황이 언제 끝날지 모른다는 것입니다. 몇 년 뒤에 이 글을 읽으며 '잘 극복하고 지나왔다'고 말할 수 있기를 바랄 뿐입니다.

인류를 공격한 이 질병은 2019년 말 중국에서 발생했습니다. 처음 우한 지역에서 감기와 같은 호흡기 증상이 빠른 속도로 전파되었는데, 그 원인체가 코로나 바이러스의 일종이라는 보도가 있었죠. 기존의 코로나 바이러스는 사람에게 감기를 일으키는 바이러스 중 하나로 이미 알려져 있었습니다. (참고로 감기를 일으키는 다른 바이러스로는 리보, 인플루엔자, 아데노, RS 등이 있습니다.) 그래서 사람들은 이 새로운 바이러스를 익숙한 감기 바이러스와 다를 바 없는 것으로 생각했고, '감기라면 백신이나 치료제가 많이 개발돼 있으니 별문제 없겠지' 하고 생각한 것이죠. 세계보건기구who 총장도 감기 정도의 바이러스니 손 씻기 등의 개인위생을 철저히 하고 대증對症 치료에 신경 쓰면 큰 문제 없을 것이라고 발표했습니다.

하지만 이런 전망과는 달리, 이 바이러스는 엄청난 속도로 번져나갔습니다. 2020년 1월이 되자 전 세계에서 산발적으로 확진자가 나왔고, 우리나라에서도 첫 확진자가 보고되었습니다. 처음에는 방역에 전력해 모든 기관의 운영을 최소화하고 사람들의 이동을 줄이면 몇 달 안에 잠잠해질 것으로 예상했죠. 그러나 3개월여 만에 확진자가 1만 명을 넘어섰고, 다른 나라에서는 확산세가 더욱 심각해지자 WHO도 뒤늦게 팬데믹을 인정했습니다. 중국에서 첫 환자가 보고된 후 2년 2개월여가 지난 현재 전 세계적으로 4억 3,500만 명 이상의 확진자와 590만 명 이상의 사망자가 보고되었습니다. 그리고 아직 끝나지 않았습니다.

현대 사회에서 사람들의 생명을 가장 크게 위협하는 것은 무엇일까요? 총? 칼? 폭탄? 물론 그동안 전쟁으로 인해 많은 사람이 죽었고, 지금도 지구 곳곳에서 내전과 테러로 많은 이들이 희생되고 있습니다. 하지만 현대 사회에서는 국가 간 합의와 교류에 의해 전쟁과 테러가 일어날 가능성이 이전보다 매우 낮아졌다고 할 수 있죠. 반면에 전염성 바이러스 질병이 사람들의 생명을 위협할 확률은 크게 증가했습니다. '지구촌'이라고 할 만큼 국가 간 또는 지역 간 교류가 빈번하고 범위도 크게 확대되면서 전염병이 훨씬 빨리, 훨씬 멀리 전파되고 있습니다.

가장 대표적인 바이러스 질병은 감기입니다. 1918년에는 '20세기 최악의 감염병'으로 불리는 스페인독감이 발병해 2년여 동안 전 세계적으로 약 5,000만 명이 희생되었죠. 비슷한 시기에 벌어진 제1차 세계대전 전사자가 약 900만 명이라고 하니, 전쟁보다 훨씬 많은 사람이 독감으로 사망한 것입니다.

이후 의학 기술이 발전하면서 백신과 치료제도 많이 개발되어, 감기 바이러스는 어느 정도 통제할 수 있게 되었죠. 우리는 이제 감기에 걸리면 증상이 어떻고, 어떤 약을 먹어야 하는지 알고 있습니다. 약국에서 약을 사 먹거나 병원에서 주사 한 대 맞으면 비교적 쉽게 치료할 수 있죠. 하지만 여전히 그 감기 바이러스의 돌연변이가 통제할 수 있는 종류가 아니면 치료가 어려울뿐더러 사망에 이르기도 합니다.

사실 바이러스 질병을 통제하기는 매우 어렵습니다. 돌연변이가 잘 일어나기 때문이죠. 기존의 바이러스에 대한 백신을 개발해도, 돌연변이가 일어나서 백신을 무용지물로 만들어버리는 경우가 많습니다. 이번에 발생한 코로나19 바이러스는 동물에서 유래한 것이 변이되면서 사람에게도 감염력을 갖게 된 것으로 추정됩니다. 게다가 사람 사이 전파 과정에서도 계속 새로운 형태의 돌연변이가 나타나 백신의 효능이 떨어지고, 치료제의 효과도 기대에 미치지 못하게 된 것이죠.

이미 많은 바이러스 질병을 경험하며 상당 부분 극복해왔음에도 불구하고, 여전히 치료제를 개발하지 못한 몇 가지가 있습니다. 그중 대표적인 두 가지 바이러스를 살펴보려고 합니다.

첫 번째는 에볼라 바이러스입니다. 1976년 콩고에서 처음 발견된 이 바이러스는 박쥐과의 영장류를 감염시키는데요. 잠

복기를 거친 후 모든 장기에서 출혈이 일어나 결국 장기들이 기능을 하지 못하게 돼 죽음에 이르는 질병으로 알려져 있죠. 치명률이 무려 60퍼센트 이상입니다. 현재 전 세계를 공포에 몰아넣은 코로나19 바이러스의 치명률이 1~10퍼센트임을 감안하면, 에볼라 바이러스의 치명률이 얼마나 높은지 가늠할 수 있습니다.

에볼라 바이러스는 현재까지 확실한 치료제나 백신이 개발되지 않아서 많은 사람들에게 여전히 공포의 대상이 되고 있습니다. 영화 〈아웃브레이크: 지구 최후의 날〉은 과장된 면이 있긴 해도 이 바이러스의 위험성을 잘 알려주고 있죠. 지금은 발병률이 낮아지면서 사람들의 관심도 많이 사그라들었지만, 아직 감염 경로가 정확히 밝혀지지 않았고, 일부 지역에서는 아직도 발병되고 있어 치료제와 백신 개발이 시급한 상황입니다.

두 번째는 HIV(사람 면역결핍증 바이러스) 감염병입니다. 이 바이러스에 감염되면 서서히 면역력이 저하되기 때문에 '후천적 면역결핍증AIDS', 즉 에이즈라고도 부르죠. 에이즈는 원숭이에 있던 HIV가 어떤 경로에 의해서(정확히 밝혀지지 않았습니다) 사람에게 감염된 것으로 알려져 있습니다. 이 바이러스에 감염되면 면역력이 점차 소실되어 미미한 수준의 외부 병원체에도 쉽게 감염되어 죽음에 이르게 됩니다.

에이즈는 감염된 사람의 혈액이나 체액을 통해 전파된다고 알려져 있습니다. 하지만 그 외에도 원숭이와 직접적으로 접촉하거나 감염자가 많은 아프리카 지역 여행 중 감염된 생물체에 의해서도 전파될 수 있습니다. 이렇게 다양한 감염 경로를 두고서도, 우리 사회에서는 감염자와의 성적 접촉만을 의심하는 경향이 있습니다. 영화나 드라마 등 영상 매체의 영향이 크다고 할 수 있죠.

그리고 또 다른 오해는 에이즈에 감염되면 바로 죽는다고 생각하는 것인데요. 면역력이 점점 저하되면서 별거 아닌 병원체에도 감염되는 일이 잦아지고, 결과적으로 서서히 죽음에 이르게 되는 것이 현실입니다. 아직 완벽한 치료제가 개발된 것은 아니지만, 적어도 질병의 진행을 늦추는 약물이 있기 때문에 감염 후에도 10년 이상 건강하게 사는 경우도 있으니 꾸준히 약을 복용하는 것이 중요하다고 합니다.

⚗️

그런데 동물들도 이와 유사한 바이러스 질병으로 고통을 겪습니다. 대표적으로 '고양이 AIDS'라고 부르는 바이러스가 있습니다. 정확한 명칭은 FIV죠. 사람의 HIV와는 달리 FIV는 백신이 개발되어 있습니다. 그러나 백신 접종으로 100퍼센트 예방하지는 못하기 때문에, 가장 확실한 예방법은 감염된 고양이와의 접촉을 피하는 것입니다. FIV는 주로 타액을 통해서 전염되기 때문에 고양이와의 접촉을 피하는 것만으로도 감염을 예방할 수 있죠. 만약 집에서 고양이를 키우고 있는데 외부에서 새로운 고양이를 입양할 경우, 그 고양이가 FIV를 포함한 다양한 바이러스 질병에 걸렸는지, 백신은 맞았는지 등을 미리 점검해봐야 합니다.

전파 경로도 사람의 HIV와는 약간 차이가 있는데요. FIV는 성적 접촉을 통해 감염되는 경우가 드물고, 임신한 어미에게서 새끼에게 감염이 전달되는 경우도 흔치 않다고 합니다. 그렇다면 혹시 고양이의 FIV가 사람에게도 감염될까요? 현재까지는 감염이 이루어지지 않는 것으로 알려져 있습니다. 역으로 사람의 HIV도 고양이에게 감염되지 않고요.

고양이가 이 바이러스에 감염되면 사람과 마찬가지로 면역력이 서서히 저하되어 죽음에 이릅니다. 그래서 사람의 HIV를 연구하는 과학자들이 고양이의 FIV에 관심을 가지고 있지요. 미국의 메이오클리닉에서는 HIV의 유전자를 고양이 생식세포에 주입해 고양이에서 면역 결핍 연구 모델을 완성하기도 했습니다.

개에서는 켄넬코프라는 바이러스 감염이 사람의 감기와 비슷한 증상을 보이는데요. 이 질병이 수의사들을 긴장시키는 이유는 전파력이 매우 높기 때문입니다. 그래서 미리 백신을 접종해두는 것이 켄넬코프로부터 개체를 보호하는 데 아주 중요하죠. 전파력이 무시무시해서 감염된 개체가 지나갔거나 접촉한 곳은 모두 소독을 하고 심한 경우는 폐쇄하기도 합니다. 실제로 제가 아는 한 동물병원은 켄넬코프에 걸린 강아지가 다녀간 사실을 뒤늦게 알고 병원 전체를 소독하느라 며칠간 문을 닫기도 했습니다. 실험동물의 관리에서도 개가 동물실로 들어오기 전에는 반드시 켄넬코프 검사를 해서 음성인 개체만 들여야 한다는 규칙이 있습니다. 사람의 코로나19 감염을 방역하는 수준과 비슷하다고 볼 수 있죠.

그렇다면 사람의 대표적인 감기 원인 중 하나인 코로나 바이러스는 동물에서도 감염을 일으킬까요? 코로나 바이러스 과에 속하는 바이러스의 종류는 다양합니다. (그중 코로나19 바이러스는, 사람은 감염되지만 개나 고양이는 감염되지 않는 것으로 알려져 있습니다. 감염이 될 수 있는 보고가 있긴 하지만, 대부분 증상이 없고 전파가 되지 않는다고 합니다.) 사람에게서는 일반적인 감기를 비롯한 호흡기 질병의 주된 원인체이죠. 하지만 개, 고양이 등 다른 포유류와 조류에게서도 감염을 일으키며, 동물에 따라 소화기 증상과 호흡기 증상을 함께 유발합니다. 현재는 백신이 개발되어 예방이 가능하기 때문에 감염 보고가 적습니다. 하지만 특히 고양이가 코로나 바이러스에 감염되면 전염성 복막염이라는 치명률이 높은 병을 유발하기 때문에, 철저한 백신 접종은 물론 감염된 개체와의 접촉을 차단하는 것이 매우 중요합니다.

⚗️

동물들이 사람과 같은 바이러스에 감염되어 그와 같거나 다른 증상을 보이거나, 다른 원인체라도 사람과 유사한 증상과 경과를 보이는 경우는 많습니다. 앞으로는 더 다양한 바이러스를 발견하게 될 것이고 또한 공격당하기도 하겠죠. 최근 연구 결과에 따르면, 사람의 코로나19 바이러스가 고양이과 동물을 감염시키는 경우가 있다고 합니다. 아직 정확하진 않고 관련 후속 연구를 지켜봐야겠지만, 과학자들은 혹시 모를 종간 전파에 대해서 경고하고 있습니다.

바이러스가 어떻게 탄생되어 다른 숙주를 통해 전파되는 기전을 갖게 되었는지, 그 존재에 대해 아직 풀지 못한 부분이 많습니다. 인류가 존재하기 전부터 바이러스는 이미 지구에 존재하면서 수많은 생명체와 영향을 주고받으며 살아왔을 겁니다. 사람과 동물이 바이러스 감염에서 자유롭지 못한 것도 필연적인 결과겠죠. 지구라는 같은 공간에서 함께 살아가는 동안 사람의 바이러스가 동물을 감염시키기도 하고, 역으로 동물의 바이러스가 사람을 감염시키기도 합니다. 이런 흐름을 생각한다면, 사람의 질병에서 폭을 넓혀 동물의 질병을 함께 연구하는 것이

1부_세상을 바꾼 동물학자의 연구실

앞으로 발생할 수 있는 새로운 바이러스 질병에 대처하는 현명한 자세라고 생각합니다.

최초의 백신은 소의 고름

'구제역이 빠른 속도로 확산되어 심각한 상황이다'라는 뉴스를 한 번쯤 보신 적이 있을 거예요. 그 질병의 이름까지는 모르더라도, 방역복을 입은 사람들이 지역을 잇는 도로를 통제하면서 차량에 일일이 소독액을 뿌리는 장면은 기억이 나실 텐데요. 이 질병 때문에 수많은 소와 돼지를 살처분하는 장면은 정말 끔찍하죠. 우리나라에 최초로 대규모 구제역이 발생한 것은 2010년 겨울이었습니다. 그 전까지 우리나라는 구제역 청정국이었을뿐더러, 다른 산업동물에서도 이렇게 전염병이 급속히 확산된 사례가 없었습니다. 그렇기에 이런 대규모 방역이나 살처분에 대한 준비가 되어 있지 않아서 많은 시행착오와 어려움을 겪었습니다.

구제역口蹄疫 바이러스는 소, 돼지, 염소 등 발굽이 있는 동물들에서 주로 감염되는데, 이름 그대로 입의 점막이나 발톱 사이의 피부에 물집이 생기는 특징적인 증상과 함께 체온이 급격하게 상승하고 식욕이 떨어지게 됩니다. 구제역 바이러스는 매우 빠르게 전파되고 치명률이 높아서, 한 번 감염이 발생하면 걷잡을 수 없이 번져 큰 피해로 이어집니다.

경제적 손실이 큰 질병인 탓에 각 나라에서는 구제역에 대해 등급을 나눠 엄격히 관리하고, 감염이 발생하면 후속 조치도 까다롭게 집행하고 있습니다. 특히 구제역이 한 번 발생한 나라는 국제수역사무국으로부터 '다시 발생하지 않았다'는 승인을 받아야 관련 동물을 수출할 수 있죠(국제수역사무국은 동물의 질병을 관리하는 국제 조직으로 동물의 무역에 관여하기 때문에 많은 국가가 가입되어 있습니다). '구제역 청정 국가'로서 다양한 나라에 돼지고기를 수출했던 우리나라는 2010년 구제역 발병으로 수출길이 막혀서 막대한 경제적 피해를 입었습니다.

가축전염병예방법에 따르면, 구제역 감염이 확인된 농장에 사는 동물은 무조건 매몰해야 합니다. 당시 구제역에 걸렸거나 같은 농장에 살던 소와 돼지 수천만 마리가 산 채로 땅에 묻혔습니다. 그 업무를 맡았던 공무원들이 과로와 스트레스로 쓰러지고, 심지어 과로사하기도 했습니다. 게다가 방송과 신문에 연일 구제역 관련 뉴스가 보도되니 그 과정을 지켜보는 많은 사람들이 심리적 불안을 함께 겪었죠.

구제역이 발생하기 얼마 전 돼지 수의사를 희망하던 학부생이 돼지농장을 체험해보고 싶다고 해서 제가 아는 농장을 소개해주었습니다. 그런데 체험을 시작한 지 며칠 안 되었을 때 그 농장의 구제역 감염이 확인되는 바람에 농장 안에 있는 모든 사람의 이동이 금지되었습니다. 그리고 그 안에 있던 수천 마리의 돼지가 매몰되는 장면을 고스란히 목격해야 했지요. 그 학생은 그 일이 있은 후 돼지 수의사가 되겠다는 꿈을 접고, 새로운 직업을 찾아 한동안 방황했습니다.

그 무렵에 제가 많이 받은 질문이 있습니다.

"구제역이 그렇게 무서운 질병이면 왜 미리 백신을 사용하지 않는 거죠?"

그 전까지만 해도 우리나라에 구제역이 발생한 적이 드물었기 때문에, 구제역에 걸리면 살처분한다는 정책이 유지되고 있었습니다. 백신을 사용한다는 것은 구제역 발병이 우려되고 있다는 반증이므로, 수출에 있어 구제역 청정국 지위가 박탈됩니다. 때문에 2010년의 상황에서도 백신 대신 살처분 정책으로 구제역의 확산을 억제하고 종식시키기 위해 노력했지만, 구제역은 쉽게 통제되지 않았습니다. 당시 많은 전문가들이 고민한

1부_세상을 바꾼 동물학자의 연구실

끝에 최종적으로 백신 정책으로 선회했고, 그 후 우리나라는
구제역을 백신으로 통제하고 있습니다.

어떤 심각한 질병이라도 백신 접종이 감염의 고리를 끊어내는
중요한 열쇠인 것은 확실합니다. 지금도 여전히 전염병 차단의
최전선에서 활약하는 기술인 것에 비해, 백신의 역사는 의외로
오래전에 시작되었습니다. 그 역사를 소개하려면 이 질문부터
해야겠네요. 백신은 어떤 동물에서 시작됐을까요? 백신vaccine
의 어원에서 약간의 힌트를 얻을 수 있습니다. 백신은 '암소'를
뜻하는 라틴어 바카vacca에서 유래되었다고 합니다. 이 사실에
서 백신의 시작은 바로 '소'라는 것을 유추할 수 있겠죠.

　백신은 천연두 치료에서 시작되었습니다. 천연두는 우리
나라의 역사에도 오래전부터 기록되었습니다. 한방에서는 두
창痘瘡이라고 하며, 일상적으로는 '마마'라고 불렸죠. 병의 이
름을 귀신에 빗대어 부를 정도로 두려웠던 겁니다. 고대 이집
트에서는 신으로 떠받들어지던 파라오 람세스 5세가 천연두로
죽었다고 하며, 16세기 유럽인들이 옮긴 천연두가 아메리카
원주민의 30퍼센트가량이 죽은 원인이라고 하니, 그런 악명이
붙을 만도 했죠. 이 무시무시한 전염병의 치료법을 개발하기

위해 의학계와 심지어 민간요법에서도 많은 시도가 있었지만, 백신이 개발되기 전까지의 이런 노력들은 대부분 허사였다고 합니다.

그러던 중 영국에서 천연두 치료를 연구하던 에드워드 제너는 목장에서 소젖을 짜는 여성들이 유독 천연두에 걸리지 않는 사실에 주목하게 됩니다. 그는 그 이유가 소와 관련 있을 거라고 추측하고 소를 면밀히 관찰하다가 소에서 사람의 천연두와 비슷한 수포(물집)를 발견했습니다. 소에게도 사람의 천연두와 유사한 '우두'라는 질병이 있었던 거죠. 우두에 걸린 소의 젖을 만지면서 그 바이러스에 감염된 사람들이 약간의 감기 증상을 보이다가 며칠 지나 회복되는 것을 본 제너는 그 과정이 천연두에 감염되는 것을 막아준다는 가설을 세웁니다.

그는 우두에 걸린 소의 수포에서 고름을 채취한 다음, 고름에 있는 소의 우두 바이러스를 사람에게 주사했습니다(당시에는 고름 속에 있는 것이 바이러스라는 사실을 몰랐겠지만요). 이 방법은 실제로 효과가 있었고, 이후 아이들에게 주사해 천연두를 예방할 수 있었죠. 암소에서 뽑은 물질을 이용해 천연두를 치료했다는 의미로 이 우두접종법을 '백시네이션vaccination'이라고 부르게 되었다고 합니다.

과학이 대중적인 상식을 뛰어넘어 한 단계 진보할 때마다 겪는 통과의례처럼, 당시 사람들 사이에서는 우두접종법을 둘

러싼 괴담이 돌았습니다. 우두를 접종받은 사람이 소 울음소리를 낸다느니 아예 소로 변했다느니 하면서, 사람이 소로 변하는 모습을 그림으로 그려서 돌려보기도 했죠. 물론 조금만 과학적으로 생각해보면, 소량의 소 고름이 사람의 몸속으로 들어온다고 해서 사람이 소로 변한다는 건 말도 안 되는 이야기임을 알 수 있습니다. 모기가 사람의 피를 빨아먹었다고 해서 사람으로 변하지 않는 것과 비슷합니다.

제너의 우두접종법은 백신 개발의 토대가 되었고, 이후 프랑스 미생물학자 파스퇴르에 의해 백신을 이용한 면역학이 정립되었습니다. 파스퇴르는 닭의 콜레라균을 배양하는 실험을 하고 있었습니다. 배양된 콜레라균을 닭에게 주입하면 닭이 콜레라에 감염되어 죽는 것을 관찰했는데, 우연히 실험실에 며칠 방치한 콜레라균을 투여한 닭은 콜레라에 걸리지 않았습니다. 실험실에 방치되는 동안 바이러스의 독성이 약해졌기 때문이죠. 그저 실수로 끝났을 일이 위대한 발견이 된 것은 그 뒤로 실험이 이어졌기 때문입니다. 약한 독성으로 인해 바이러스에 감염되지 않은 닭에게 다시 활성 높은 바이러스를 투여했는데, 이 닭이 콜레라에 걸리지 않았던 겁니다. 백신의 개념이 정립되는 순간이었죠.

바이러스나 세균을 약독화弱毒化한 뒤에 동물에게 주입하면, 바이러스나 세균이 몸에서 질병을 일으키려고 시도하지만 힘이 약해져 완전한 감염을 일으키지는 못합니다. 우리 몸이 그 과정을 겪으면서 면역세포들이 원인체인 바이러스나 세균을 기억하게 되는 것이죠. 그래서 다음에 실제 질병을 일으킬 만한 양의 바이러스나 세균이 들어와도, 몸의 면역세포들은 이미 그것들과 어떻게 싸워야 하는지 알고 있기 때문에 상대적으로 쉽게 감염을 방어합니다.

파스퇴르는 사람과 개 사이에 전염이 되는 무서운 질병인 광견병 백신도 만들었습니다(수의사들은 주기적으로 맞아야 하는 백신이죠). 파스퇴르에 의해 백신의 이론이 과학적으로 증명된 후로 지금까지 수많은 백신이 개발되었습니다. 특히 갓 태어난 아이들에게 다양한 백신을 지원하는 정책으로 인해 세계적으로 영유아 사망률이 현저히 줄어든 것은 인간의 평균수명이 길어지는 데 많은 기여를 했죠.

하지만 국가의 지원을 받지 못하는 동물의 경우, 키우는 사람에게 경제적 부담이 되기 때문에 백신의 중요성이 간과되는 경우가 많습니다. 제가 수의사가 되어 진료를 시작한 20년 전만 해도, 백신만 맞으면 간단히 예방할 수 있는 강아지 파보 바이러스 설사병과 디스템퍼(홍역)로 내원하는 환자가 많았습니다. 당시에도 강아지가 태어나면 5종(디스템퍼, 헤파타이티스, 파보 바이러스, 파라인플루엔자 바이러스, 렙토스피라) 종합 백신을 무조건 접종하도록 권장했는데요. 그래도 비용이 들어간다는 이유로, 또는 '동물한테까지 굳이 백신을 맞힐 필요가 있어?' 하는 안전불감증으로 백신 접종을 하지 않는 경우가 많았죠. 다행히 지금은 반려동물의 백신 접종에 대한 인식이 향상되어 거의 모든 강아지가 5종 종합 백신을 제대로 접종받고 있습니다. 덕분에 관련 질병도 거의 사라졌죠.

다시 구제역 이야기로 돌아와볼까요? 2010년 이전에도 우리나라에는 세 번 구제역이 발생했는데, 그때는 살처분 정책으로 곧 통제가 되었다고 합니다. 하지만 2010년에 발생한 구제역은 통제에 실패해 무려 350만 마리의 가축을 매몰할 수밖에 없었죠. 관련 예산만 3조 원을 투입한 끝에 겨우 종식된 그 '구제역 사태'를 겪은 후 더 이상의 피해를 막기 위해 백신 정책이 도입되었습니다. 2011년부터는 국내 수백만 마리의 소와 돼지에게 구제역 백신을 접종하기 시작했죠. 그런데 백신 정책을 시작하고 보니, 백신 확보가 쉽지 않았습니다. 구제역은 감기 바이러스처럼 거의 매년 새로운 돌연변이가 일어나기 때문에 그때마다 대량의 백신을 확보하기가 어려웠던 겁니다.

'구제역 사태' 후 10여 년이 지난 현재, 그동안 많은 시행착오를 거치며 구제역에 대한 백신 정책이 제법 정착되었습니다. 이제는 우리나라에서 구제역이 거의 발병하지 않습니다. 그리고 그사이 국내에서 구제역 바이러스 백신 개발에 막대한 예산이 투입되었고, 덕분에 점차 국산화가 이루어지고 있죠.

우리나라도 산업이 점차 발달하고 다양한 국가와 무역을 하게 되면서, 이전에는 없었던 새로운 동물 질병들이 속속 유입되고 있습니다. 2019년에는 돼지의 흑사병으로 알려질 만큼 치명적인 아프리카돼지열병이 유입되어 수많은 돼지를 매몰해야 했습니다. 아프리카돼지열병 바이러스는 구제역 바이러스보다 구조가 복잡해서 백신을 만들기가 어렵다고 알려져 있습니다. 안일하게 대처한다면 그 뒤에 감당할 피해가 클 수밖에 없으므로, 백신 개발 및 방역 대책에 더 힘을 쏟아야 하겠죠.

이제는 동물 질병 관리를 단순히 생산성에만 초점을 맞추고, 사후 처리에 급급하던 과거의 시스템에서 벗어나야 합니다. '지금까지는 안 그랬다(과거)' 혹은 '갑자기 바꾸기는 어렵다(현재)'라는 말에 갇혀 미래를 외면한다면 같은 피해가 반복될 수밖에 없겠죠. 동물의 질병 치료와 방역에 관해 선진국에서 배워야 할 가장 중요한 자세는, 새로운 백신 개발에 적극적으로 투자해 국가와 민간을 가리지 않고 연구 개발의 포문을 열어주는 것이라고 생각합니다.

낙타 혈액이 치료제?

2020년 코로나19 바이러스가 전파되기 시작했을 때 각국의 초기 대응은 이전의 팬데믹 사례를 참고해 방어 태세를 갖추는 것이었습니다. 2015년 발생한 중동호흡기증후군MERS, 즉 메르스 바이러스를 겪으며 얻은 자료로 새로운 팬데믹에 대항하는 방법을 정비한 것이죠.

당시 우리나라에도 메르스 바이러스가 유입되는 바람에 사람들이 모이는 행사가 취소되는 등 일상생활을 일부 중단할 수밖에 없었습니다. 코로나19 바이러스는 감염력이 엄청난 대신 치명률은 좀 낮은 편이지만, 메르스는 감염력은 낮은 반면 치명률이 아주 높았습니다. 우리나라에서만 186명이 감염되었는데, 그중 38명이 사망했죠.

유럽질병통제센터ECDC에 따르면, 2012년 메르스가 처음 발생한 후 전 세계 25개 국가에서 1,167명이 감염되었고, 그중 479명이 사망했다고 합니다. 사우디아라비아에서 대부분의 희생자(1,010명 감염, 442명 사망)가 나왔고, 우리나라는 중동 지역이 아닌데도 두 번째로 희생자가 많다는 불명예를 얻기도 했습니다. 이런 상황을 겪어봤기 때문에 코로나19가 전 세계에 확산되기 시작할 때 비교적 잘 대처한 측면도 있지요.

메르스는 중동 지역을 중심으로 발생한 급성 호흡기 감염병으로, 원인균은 메르스 코로나 바이러스입니다. 이 바이러스는 이전까지 사람에게서 병원성을 나타내지 않았는데, 낙타와 같은 동물이 매개체가 되어 사람에게 감염된 것으로 알려져 있죠. 우리나라에서는 낙타를 사육하지 않기 때문에 동물원에 가야만 볼 수 있을 정도로 낯선 동물인데, 2015년 당시 낙타가 바이러스를 퍼뜨릴 수 있다는 보도가 나오자 동물원에 있는 낙타들까지 격리하기도 했습니다. 사막에서 사람과 짐을 운반해주는 고마운 동물인 줄로만 알았는데, 졸지에 바이러스를 전파하는 무서운 동물이 되어버린 거죠. 낙타가 우리에게 그만큼 큰 존재감을 드러낸 건 그때가 처음이었을 겁니다.

그런데 과학자들은 훨씬 이전부터 질병 연구 모델로서 낙타에게 관심이 있었습니다. 저도 메르스가 등장하기 10년도 더 전인 2000년 초 학회에서 중동 지역 사람들에게 뜻밖의 제안을 받은 적이 있습니다. 낙타를 복제하는 연구를 함께 해보자는 거였죠. 그때까지 저에게도 낙타는 좀처럼 접해볼 일이 없는 낯선 동물이었기 때문에 선뜻 납득할 수 없었습니다.

'왜 낙타를 복제한다는 거지? 사막에서 사람이나 짐을 실어 나르는 동물인데, 이제는 운송수단이 다양해졌으니 자연 번식만으로 충분하지 않나? 왜 어렵게 복제 연구를 하려고 하는 걸까?'

복제 연구를 주로 하는 터라 다양한 동물의 복제 연구를 제안받기는 하지만, 산업동물도 실험동물도 야생동물도 아닌 낙타의 복제는 좀 의아했던 거죠. 그런데 알고 보니 중동 지역에서 낙타는 단순히 운반에만 활용되는 동물이 아니었습니다. 낙타에게서 고기(육포)와 우유(치즈)를 얻는 것도 모자라, 심지어 낙타를 반려동물처럼 키우는 사람도 있다고 합니다. 어떤 낙타를 소유하고 있느냐가 부의 척도가 되기도 하고, 낙타 경주가 중요한 스포츠로 자리를 잡았다고도 하더군요. 그 사회에서는 그만큼 중요하고 사랑받는 동물인 거죠. 더불어 같은 낙타과 동물인 알파카와 라마 또한 남미 지역에서 매우 중요한 가축으로 사육된다는 사실도 알 수 있었습니다. 수의학 교과서에 알파카와 라마의 질병에 많은 분량이 할애되어 있는 게 늘 의아했는데, 궁금증이 비로소 풀렸죠.

중동 지역에서 왜 낙타를 복제하려고 하는지는 이제 짐작은 되었지만, 단순히 중요한 동물이라는 이유로 복제를 하기에는 과학적으로 흥미가 가지 않았습니다. 중동 지역에서는 낙타 고기를 먹으니 낙타를 도축하는 곳이 있을 테고, 그러면 상대적으로 쉽게 연구 재료인 난자와 다른 세포를 확보할 수 있기에 복제 연구를 하기가 수월할 겁니다. 물론 연구비만 충분히 지원된다면 말이죠. 하지만 중동은 자주 오가기에 가까운 거리도 아닌데, 제 입장에서는 많은 시간을 투자할 만큼 썩 끌리는 연구가 아니었습니다.

그로부터 10년 남짓 시간이 흘러, 아랍에미리트 과학자들이 낙타 복제에 성공했다는 소식을 2010년에 발표된 논문으로 접했습니다. 낙타 연구를 다시 보니 반가운 마음도 들고, 한편으로는 이렇듯 끈질기게 연구를 계속해온 걸 보니, 아무래도 낙타가 중동에서 단순히 중요한 동물인 것 외에 다른 이유가 있을 것 같았습니다. 낙타가 연구용으로 복제 대상이 될 만한 이유가 도대체 무얼까 찾아보다가 《사이언스》에서 재미있는 논문을 읽었습니다. 낙타의 항체를 이용해 광범위한 치료제를 개발할 수 있다는 내용이었죠.

$$\mathscr{J}$$

간략히 말하자면, '항체'는 '항원'을 인식해 '면역 반응'을 일으키는 소중한 물질이라고 할 수 있습니다. 보통 우리 몸에 바이러스나 세균 같은 물질이 침입하면 그 병원성을 이겨내려는 싸움이 일어납니다. 면역세포에서는 항체를 만들어 혈액을 타고 감염 부위로 보내는데요. 이때 침입자를 사멸시키는 것만이 항체의 기능은 아닙니다. 더욱 중요한 것은 항체가 침입자의 특정한 부위를 인식해 기억하게 된다는 거죠. 항체가 특이적으로 인식하는 이 부위를 '항원'이라고 합니다. 기억력을 가진 항체는 다음에 또 같은 항원을 만났을 때 신속하게 제거할 수 있는데, 이렇게 병원성을 기억하도록 미리 훈련하는 것을 '면역'이라고 합니다.

아기는 태어나면서부터 정해진 일정에 따라 백신을 맞고 그 기록을 남겨야 합니다. 이것은 방어력이 낮은 아기의 몸을 질병으로부터 보호하기 위해 훈련용 항원들을 보내 항체를 단련시키려는 의도죠. 인간이 질병을 정복해나가면서 감염병은 예전보다 줄어들었지만, 전 세계의 상황이 모두 같지는 않기 때문에 백신을 맞는 것은 여전히 중요합니다. 학령기 아이들이 다른 나라의 비자를 받으려면 그 나라에서 요구하는 백신 기록을 제출해야 하는 것도 같은 이유에서입니다. 아이들뿐만 아니라 성인들도 새로운 감염병이 등장하면 백신 접종이 일차적인 과제가 되는데요. 코로나19 상황에서 백신 개발과 보급에 사활을 거는 것도 같은 맥락이죠.

하지만 항체를 백신이 아닌 치료제 그 자체로 이용할 수도 있습니다. 미리 항체를 생산해두었다가 감염되었을 때 주입하면, 그 항체들이 체내의 항원을 바로 공격하는 것이죠. 백신을 맞고 면역세포가 한차례 훈련해서 스스로 항체를 만드는 과정이 이 방식에서는 필요하지 않습니다. 긴급한 상황에서 빠르게 해결할 수 있고, 백신을 맞은 뒤 면역 반응으로 한차례 앓는 등의 부작용도 건너뛸 수 있는 것이죠. 그래서 많은 기업에서 차세대 의약품인 항체 신약을 개발하기 위해 다양한 연구를 하고 있습니다.

그런데 그 항체를 굳이 낙타에서 얻어야 하는 이유는 무엇일까요?《사이언스》에 게재된 논문에 따르면, 상어류(물고기)와 낙타과 동물(낙타, 라마, 알파카 등)의 항체는 일반 포유동물의 항체와 구조가 다르다고 합니다. 어떻게 다를까요? 포유동물의 항체는 일반적으로 두 개의 헤비체인heavy chain과 두 개의 라이트체인light chain으로 구성된 Y 형태를 기본으로 합니다. 이 체인들의 결합이 다양할 뿐만 아니라, 어떤 종류의 항체는 5개의 Y 형태가 결합되어 있기도 하죠. 항체에는 구조를 담당하는 부분이 있고 항원에 결합하는 부분이 있는데, 바로 이 결합 부분의 변이가 가능하기 때문에 다양한 항원에 반응하며 각 항원에 특이적인 항체가 되는 것입니다. 나쁜 물질의 종류는 수도 없이 많고 그 모양이 모두 제각각이기 때문에, 이 부분이 얼마나 빨리, 얼마나 정확하게 항원을 인식해 제거하는지가 관건이 됩니다.

지금까지 많은 연구자들이 동물 중에서도 특히 마우스에서 항체를 생산해 연구해왔습니다. 사람의 항원을 마우스에 주입하면, 마우스의 몸속에서 항체가 형성됩니다. 항체는 혈액 속에 존재하므로, 혈액으로부터 항체를 분리하는 작업을 거치죠. 이 항체는 먼저 주입한 항원의 치료제이므로, 사람에게 투여하면 바로 효과를 볼 수 있을 것으로 여겨졌습니다. 그런데 실제로는 마우스에게서 얻은 항체를 사람의 몸에 주입했을 때 예상대로 치료제 역할을 하기도 하지만, 인간의 몸이 마우스의 항체를 또 다른 이물질로 인식하는 경우가 발생했습니다.

그래서 동물에게서 얻은 항체를 인간의 몸속에서 만들어진 항체와 똑같은 형태로 만들기 위한 연구가 활발히 이루어지고 있습니다. 그 시도 중의 하나가 동물의 유전자 중 항체를 만드는 데 관여한 유전자를 모두 사람의 유전자로 바꾸는 것이었죠. 마우스에서 항체 유전자를 제거하고, 그 자리에 사람의 항체 유전자를 집어넣어 붙이면 되지 않을까요? 이론적으로는 참 쉬워 보이지만 실제로는 너무나 어려운 이 작업을, 영국의 과학자 앨런 브래들리가 이끄는 연구팀이 10여 년의 연구 끝에 마침내 성공했습니다. 실제 항체 치료를 대량 생산해 임상 실험까지 거치려면 여전히 넘어야 할 산이 많이 남았지만, 이 분야에서 진일보한 연구임에는 틀림없습니다.

동물의 유전자와 사람의 유전자는 비슷하면서도 다릅니다. 이런 차이로 인해 동물과 인간에서 질병에 관련된 단백질의 성상이 조금씩 달라지는 거죠. 이런 이질성을 극복하기 위해 동물의 유전자를 제거하고 사람의 유전자로 바꾸는 작업을 '인간화'라고 합니다. 항체도 마찬가지로 동물과 사람이 유사한 단백질 구조를 가지고 있지만 조금씩 차이가 있기 때문에, 사람의 몸속에서도 항원에 올바르게 반응하는 '인간화된 항체'를 만드는 작업에 집중해왔죠.

사실 항체의 인간화 작업은 대단히 어려운 일입니다. 그래서 이 방법 외의 다양한 대안들이 제시되고 있는 것이죠. 그중 하나가 상어와 낙타에서 확인된 특별한 항체입니다. 이들은 우리가 알고 있는 대다수 포유동물의 항체와 다르게 대부분 헤비체인으로 구성되어 있는데요. 벨기에 과학자들이 이 독특한 구조를 발견해 1993년 《네이처》에 발표했습니다. 상어와 낙타는 헤비체인만 가지고도 항원을 정확하고 빠르게 인식해 제거함으로써 건강을 유지할 수 있다는 사실이 알려지면서, 많은 과학자들이 이 동물들을 연구하게 되었죠.

앞에서 언급했지만, 백신의 개발뿐만이 아니라 이미 감염이 진행된 상황에서 빠르게 치료에 들어갈 수 있는 항체의 개발 또한 중요합니다. 하지만 포유동물의 항체는 헤비체인과 라이트체인의 결합으로 구성되어 크기가 크고 복잡하기 때문에, 수많은 과학자들의 오랜 노력에도 불구하고 상대적으로 적은 수만이 치료제로 활용되고 있습니다. 그런데 낙타와 같은 동물은 항체가 헤비체인으로만 구성되어 있기 때문에, 사람의 항체를 만드는 것보다 상대적으로 쉽다는 점에서 주목을 받고 있죠. 상대적으로 크기가 작은 항체라는 뜻에서, 낙타과의 항체를 '나노 항체'라고 부르기도 합니다.

최근 뉴스에 낙타과 동물인 라마와 알파카를 이용해서 코로나19 항체를 개발하고 있다는 외국의 연구가 소개되기도 했습니다. 또 낙타의 항체를 이용해 치료제를 개발하기 위해서 벨기에에 아블링스라는 회사가 설립되었는데요. 이 회사는 얼마 전 후천적 혈전성 혈소판 감소성 자반증 치료제를 개발했습니다. 동물실험을 거쳐 안전성을 확인하고 임상실험을 진행해,

2018년 카플라시주맙이라는 낙타 항체로 유럽의약청의 사용 승인을 받았죠.

현재도 여러 국가의 많은 기업이 이 항체의 특수성을 이용해 치료제를 개발하기 위해서 계속 도전하고 있으며, 그중 일부는 연구실에서 항체 단백질 생산에 성공해 이제 임상에서 효과를 검증하는 단계에 접어들기도 했습니다. 한 대학 선배의 회사도 낙타의 항체를 이용해 다양한 산업화 연구를 하고 있는데, 우리나라는 낙타를 키울 수 없는 환경이라 매년 여름 몽골이나 중앙아시아로 낙타 연구를 위한 여행을 떠나더군요.

인수공통
전염성 질병을 막아라!

수의사는 반려동물, 산업동물, 야생동물, 실험동물로부터 항상 질병에 감염될 수 있는 위험에 노출되어 있습니다. 수의사라면 대표적으로 광견병 백신을 정기적으로 맞아야 하고, 분야별로 접하는 동물에서 유행할 수 있는 인수공통 전염병의 백신을 따로 챙깁니다.

산업동물의 경우 가축전염병예방법에 지정된 특정 질병이 확인되면 살처분을 결정하고, 전염성이 있는 경우 수의사는 격리를 하는데, 만약 사람에게도 전염되는 질병이라면 감염 여부를 검사받아야 합니다. 이렇게 동물의 질병이 사람에게도 전염성을 가질 때 '인수공통 전염성 질병'이라고 합니다.

저는 다행스럽게도 동물을 다루면서 아직 질병에 감염된 적은 없지만, 주변에서 드물게 일어나는 일은 아닙니다. 한 선배 수의사는 소를 진료하다가 브루셀라에 감염되어 한동안 치료를 받았죠. 사람에서는 대부분 감기 증상을 보이다가 회복하며 가볍게 넘어가지만, 고열이나 근육통이 지속되는 경우에는 입원해서 치료를 받아야 합니다.

축산업계에서 브루셀라는 악명 높은 질병인데요. 특히 우리나라에서는 인수공통 전염성 질병을 통제하는 방향을 두고 논란이 있었던 사례입니다. 앞에서 언급했듯이, 브루셀라는 소에서 불임을 유발합니다. 경제성이 가장 우선시되는 산업동물에서는 치명적인 질병이라고 할 수 있습니다. 감염의 확산을 막기 위해 브루셀라가 유행할 때마다 살처분하다 보니 경제적 피해가 만만치 않아, 백신 정책으로 방향이 바뀌었죠. 구제역도 그렇지만, 교통의 발달로 지역 간 교류가 긴밀해지는 상황에서 전염병 전파를 차단하기는 더욱 어려워졌습니다.

제가 학부생이었던 1998년 브루셀라 백신 접종이 처음으로 시도되었습니다. 경제적 피해를 줄이기 위한 시도는 좋았으나, 준비 과정에서 문제가 발생했습니다. 백신 균주가 오염된 것인데요. 백신을 맞은 임신한 소들이 유산이나 사산하는 등 부작용이 속출했습니다. 특히 젖소 농가에서는 유산과 사산으로 암소가 우유를 생산하지 못해 피해가 더 컸죠. 미디어에서도 연일 농가의 피해에 관한 보도가 이어졌고, 인수공통 전염성 질병임이 알려지면서 사람에게도 감염될 수 있다는 두려움이 확산되었습니다. 다행히 사람의 감염 피해는 거의 보고되지 않았지만요.

이 정책을 주도한 몇 사람이 구속되는 등 후폭풍이 거셌고, 브루셀라 백신 도입으로 질병을 통제하려는 정책은 폐기되었습니다. 현재는 이전과 같이 살처분 정책을 고수하고 있습니다. 브루셀라 검사를 해서 확진이 되면, 그 개체를 포함해 접촉한 모든 동물을 죽여서 처분하는 거죠. 우리나라 외에도 여러 나라에서 이런 살처분 정책으로 통제하고 있지만, 미국에서는 백신으로 관리해 현재는 브루셀라 감염이 거의 발생하지 않고 있습니다. 반면 우리나라는 산발적으로 브루셀라 감염이 발생해왔는데, 최근 다시 발생이 잦아져 구제역처럼 백신을 도입해야 한다는 주장이 나오고 있습니다. 추세로는 백신을 선택하고 싶지만, 1998년의 아픈 기억 때문에 농림수산식품부에서도 쉽게 결정을 내리지 못하는 것으로 알고 있습니다.

수의학 교육과정에서는 향후 관련 분야의 종사자가 될 것에 대비해 인수공통 전염성 질병을 매우 중요하게 다룹니다. 하지만 일반인들의 경우 대개는 동물과 긴밀히 접촉할 일이 없고, 또 요즘에는 많은 질병들이 잘 통제되고 있기 때문에 평상시에 이를 의식할 일은 거의 없죠. 그런데 최근 유행하고 있는 코로나19 발생 경로에 동물이 관여되어 있다는 논란이 일면서 과거 악명 높던 인수공통 전염성 질병의 위력을 다시금 떠올리게 됩니다.

코로나19 확산 초기에는 사람들 간의 접촉과 이동을 줄이는 정책으로 많은 사람들이 봉쇄되다시피 집안에 머물렀죠. 이때의 우울과 무기력함이 과거의 무언가를 상기시켰는데, 대규모 전염병이었던 흑사병의 역사를 되짚어보면서 알베르 카뮈의 《페스트》 다시 읽기가 유행하기도 했습니다.

역사적으로 인류를 위협한 전염병 중 첫손에 꼽히는 것이 페스트입니다. 이 병에 걸리면 피부의 혈액이 침전되어 살이 검은 색으로 변하기 때문에 '흑사병黑死病'이라고도 불렸죠. 결국 죽음에 이르고 마는 페스트는 처음엔 설치류에 의해 전파된다고 알려졌는데요. 분석해보니 설치류에 있는 여시니아 페스티스라는 세균이 벼룩 또는 이를 통해서 사람에게 전파된 것이었습니다.

동물의 질병이 사람에게 전파된 또 다른 예로는 우유를 통한 소의 결핵 전파가 있습니다. 소 결핵의 원인균 마이코박테

리움 보비스가 호흡기 및 소화기를 통해 전파되어 감염되는데, 감염 초기에는 거의 증상이 없다가 서서히 쇠약해지는 것으로 알려져 있죠. 소 결핵은 오래전부터 있어 왔지만, 19세기 유럽과 북아메리카에서 소 결핵으로 갑자기 많은 사망자가 발생한 것은 시대적 배경을 반영한 환경의 변화와 관련이 있었습니다. 당시 급격한 산업화로 인해 도시에 공장이 들어서면서 목축업 등의 일차산업은 외곽으로 밀려났고, 그 탓에 목장과 소비자의 거리가 멀어졌죠. 그런데 우유의 냉장 유통 및 살균 시스템은 아직 발전하지 못한 상태였기 때문에, 생산된 우유가 소비자에게 전달될 때까지 세균이 번식할 수 있는 시간이 생기게 된 겁니다.

독일의 미생물학자 로베르트 코흐는 소 결핵이 인간에게 전염될 수 있다는 사실을 확인해 발표했습니다. 영국에서도 이 문제를 심각하게 받아들여 왕립결핵위원회가 설립되었죠. 1907년 위원회에서 결핵에 감염된 우유를 통해 사람에게 전염될 수 있다고 선언하면서 오염된 우유의 섭취를 방지하기 위해 앞장섰습니다. 처음에는 감염된 것으로 의심되는 소를 제거함으로써 젖소에서 질병이 퍼지지 못하도록 하는 데 초점을 맞췄지만, 이 조치는 그다지 효과적이지 못했던 것으로 보입니다. 1900년대 초 영국에서만 감염으로 인해 6만 명 이상이 사망한 것으로 추정되니까요.

이런 지지부진한 상황에 해결책을 제시한 사람이 프랑스 과학자 루이 파스퇴르입니다. 그는 우유에 살균 과정을 적용하면 우유를 통한 소 결핵 감염을 예방할 수 있다는 사실을 확인했습니다. 이후 우유를 살균하는 방법이 많은 나라에 보급되었고, 이로써 지금은 우유를 통한 질병 전파가 사라졌다고 할 수 있죠. 현재 우리나라에서도 판매되는 모든 우유를 살균 처리하고 있을 뿐만 아니라, 주기적으로 결핵 검사를 실시해 감염된 개체는 살처분하고 있습니다.

페스트와 결핵의 대유행은 한참 먼 과거의 사례입니다. 현대 사회는 이런 질병을 통제하는 시스템을 갖췄고, 공중보건 의식의 향상으로 과거와 같이 인수공통 전염성 질병이 전파되는 사례가 줄었습니다. 하지만 어떤 이유에서인지 역사는 되풀이되고 있죠. 사실 코로나19 팬데믹 이전에도 동물-사람 질병 전파가 완벽히 통제되고 있지 않음을 보여주는 사례가 있었는데, 공교롭게도 둘 다 코로나 바이러스 질병입니다.

첫 번째는 2002년 유행한 '사스'입니다. 원인체는 사스 코로나 바이러스SARS-CoV로 급성 호흡기 증상을 일으킵니다. 중국과 홍콩을 중심으로 유행한 이 바이러스 질병은 많은 사상자를 냈죠. 현재 가장 유력한 가설은 관박쥐에서 유래된 바이러스가 사향고양이를 거쳐 사람에게 감염되었다는 것입니다. 지리적으로 가까웠는데도 불구하고 다행히 우리나라는 이때 큰 피해 없이 지나갔습니다. 그런데 이 행운이 두 번째 바이러스 질병에 안일하게 대처하는 실책을 낳기도 했죠.

두 번째는 2012년 '메르스'인데요. 원인체는 메르스 코로나 바이러스MERS-CoV로, 마찬가지로 급성 호흡기 증상을 유발합니다. 메르스는 중동 지역에서 처음 발생한 후 여러 국가에 전파되어 많은 사람을 사망에 이르게 했죠. 우리나라는 안타깝게도 2015년 처음 환자가 발생한 후 엄청난 속도로 전파되어 186명이 감염되었습니다. 사우디아라비아에 이어 두 번째로 감염자가 많은 나라로 기록되었죠. 지금의 코로나19에 비하면 많은 숫자로 보이지 않지만, 감염자 186명 중 38명이 사망해 치사율이 20퍼센트가 넘었으니 상당히 두려운 상황이었죠.

당시 메르스 감염 확산을 통제할 수 없었던 원인 중 하나는 감염자의 동선과 방문한 병원을 공개하지 않은 정책이었습니다. 그 실책을 인정하고 뒤늦게 정보를 공개했지만, 이미 많은 피해를 입은 상황에서 비난을 면할 수 없었습니다. 그러나 이때의 실패로 말미암아 전염성 질병에 대비한 국내 의료 시스템이 개선되었고, 이로써 코로나19 확산에는 빠르게 대처할 수 있었으니, 길게 볼 때 영원한 실패나 성공은 없는 것 같습니다.

실제로 코로나19가 확산되었을 때, 우리나라는 이전 두 번의 코로나 바이러스 유행 대응 경험을 바탕으로 감염병에 대처하는 시스템을 어느 정도 구축한 상태였습니다. 또 IT 강국답게 휴대폰 위치 추적 기술을 활용해 예방적으로 검사와 진단을 하는 등 강력한 방역 시스템을 가동함으로써, 다른 나라들에 비해 비교적 잘 통제할 수 있었죠.

그러나 아무리 강력한 방역 시스템이라고 해도, 그것만으로 바이러스를 완벽하게 통제하기는 불가능합니다. 결국 관건은 치료제와 백신이 얼마나 빨리 개발되느냐에 달려 있습니다. 미국과 유럽 등 기초과학 선진국들은 초기 방역에는 실패했지만, 백신 개발과 승인에서는 놀라운 속도를 보여주었습니다.

특히 모더나와 화이자의 mRNA 백신 개발은 생물학 교과서를 다시 쓸 정도로 놀라운 성과입니다. 생물학적 상식으로는 약물 개발에 mRNA를 사용하는 것을 꺼리는데요. 매우 불안정하고 쉽게 파괴되며, 세포 내로 전달하는 효율이 떨어지기 때문이죠. 부작용도 예측하기 어려운 단점이 있고요. 하지만 치료제가 아닌 백신 개념으로 접근해, 결국 mRNA를 세포에 전달할 수 있는 방법을 찾아낸 모더나와 화이자가 백신 개발에 성공했죠. 기초과학으로 이만한 성과를 내다니, 그저 놀라울 뿐입니다. 우연히 화이자의 광고를 봤는데, 'Science will win'이라는 문구가 매우 인상적이었습니다. '결국은 과학이

이긴다!' 절망 속에서도 우리가 희망을 가질 수 있는 이유 아닐
까요?

✦

우리나라 과학자들은 정말 열심히 연구합니다. 저도 '자원도
없는 나라에서 내세울 것은 오직 인적자원'이라는 말을 귀 아
프게 들으며 컸지만, 한국인 특유의 근면성실함은 세계 어디서
도 알아줄 정도입니다. 그런데 왜 앞서 언급한 종류의 성과에
서는 다른 나라에 뒤처지는 걸까요? 과학은 장기적인 관점에
서 순수, 응용, 산업 연구가 서로 연계되어야 합니다. 이런 지
점에서 우리나라의 과학 시스템이 빈약한 것이죠.

코로나19를 계기로 정부가 바이러스연구소를 만들겠다고
발표하자, 그 연구소를 유치하기 위해 각 부처와 기관이 힘겨
루기를 하고 있습니다. '알파고'가 유명해지자 정부가 인공지
능 연구를 확대하겠다고 발표한 때와 상황이 비슷합니다. 정부
가 특정 연구 분야로 방향을 제시하면 국가 연구비가 그 분야
로 쏠리기 때문에, 연구자들은 기존에 해오던 연구를 제쳐두고
주요 정책을 따라갑니다. 이미 바이러스를 연구하던 과학자들
이 있으니, 이들이 잘 소통할 수 있도록 연결을 강화해주면 될
텐데 굳이 새로운 연구소를 만드는 것이 정말 효율적일까요?

만약 코로나19 상황이 끝나면 이 연구소가 기능을 얼마나 유지할 수 있을지 의문입니다.

시대에 따라 특정 분야가 주목을 받기도 하지만, 시간이 멈추지 않듯이 인기도 흘러갑니다. 인기가 없다고 해서 그 분야를 등한시한다면, 정작 필요할 때 기초부터 다시 쌓아올리느라 때를 놓칠 수밖에 없겠죠. 특히 인수공통 전염성 질병은 자주 발생하는 것이 아니기에 그 중요성을 간과하기 쉽지만, 전염 확산의 여파가 엄청나고 준비의 정도가 결과에 미치는 영향도 큽니다. 그런데 우리나라는 동물의 질병 연구에는 지원이 너무 빈약합니다. 우리는 동물의 질병에 대해서 얼마나 알고 있을까요? 코로나19 바이러스가 처음 시작되었다고 알려진 박쥐 등의 야생동물에서 발생하는 전염성 질병에 대해 그동안 우리는 얼마나 연구해왔을까요?

최근 반려동물이 증가하면서 산업동물이나 야생동물 관련 분야에서는 필요한 인력을 구하는 데 어려움을 겪고 있습니다. 사람을 치료하는 병원은 비인기 분야라고 해도 정부가 나서서 보호해주지만, 수의학 및 동물 분야는 상황이 다릅니다. 현재는 산업동물과 야생동물의 전염성 질병이 어느 정도 잘 통제되고 있기 때문에 국가에서 관련 지원이 느슨해지고 있는 형국입니다. 이런 상황이 오래가면 관련 종사자들의 업무 환경이 나빠지고, 자연히 그 일을 희망하는 후속 세대의 관심과 지원이 줄어들겠죠. 당장은 큰 문제가 되지 않겠지만, 이는 결국 동물 질병의 관리와 통제 문제로 이어지고, 결국은 사람에게도 영향이 미치게 될 겁니다.

역사는 미래의 거울이라고 하죠. 과거에 유행했던 전염성 질병을 이해하고 치료하면서, 결과적으로 우리는 많은 전염성 질병들을 통제할 수 있게 되었습니다. 한 걸음 더 나아가 현대 과학은 불치병 및 퇴행성 질병을 해결하기 위한 최첨단 과학에 집중하고 있죠. 하지만 이런 최첨단 과학이 빛을 보려면, 기본적인 질병에 대한 이해가 선행되어야 합니다. 그것이 우리가 인수공통 전염성 질병의 시작점인 동물의 질병에 대해 꾸준히 관심을 가져야 할 이유입니다.

코로나19 탐지견

개는 후각이 사람에 비해 수백 배 발달되어 있다고 알려져 있습니다. 해부학적으로도 개의 후각망울이 사람에 비해 세 배 이상 크다고 하죠. 그래서 개들은 사람이나 다른 개를 만나면 열심히 냄새를 맡습니다. 후각으로 상대방을 탐색하는 건데요. 그 냄새에서 여러 가지 정보를 얻는다고 합니다.

후각 능력이 뛰어난 동물은 많지만, 그중에서도 개는 훈련과 습득 능력이 월등히 뛰어난 동물로, 우리 인류를 위해 많은 공헌을 해왔습니다. 사람의 말을 알아듣고 거기에 맞춰 행동하면서 뛰어난 활약을 펼친 경우가 많죠. 예를 들자면, 많은 개가 오랜 훈련을 거친 후 폭발물 및 위험물을 탐지하는 경찰견, 실종자나 재난을 당해 구조가 필요한 사람을 찾는 인명구조견, 공항이나 항만에서 불법 농산물이나 마약을 찾아내는 탐지견 등으로 맹활약하고 있습니다.

개의 뛰어난 후각 능력이 이용되는 의외의 분야를 소개해볼까요? 놀랍게도 개들은 암이 있는 사람을 구별할 수 있다고 합니다. 암세포를 배양해본 사람들 가운데 조금 민감한 이들은 암세포 배양액에서 조금은 특별한 냄새가 난다는 것을 압니다.

제 실험실에서는 암세포보다는 일반 세포를 주로 배양합니다. 일부 암세포가 배양되긴 했지만, 워낙 소량이어서 처음에는 냄새를 잘 인지하지 못했죠. 그러다가 우연히 일반 세포를 제거하고 암세포만 키운 적이 있는데, 한 학생이 인큐베이터를 열면 이상한 냄새가 난다고 하더군요. 실험실 사람들이 모두 의아해하면서 다 같이 인큐베이터를 열어봤는데, 다들 조금 이상한 냄새가 나는 것을 확인할 수 있었습니다. 사람에 따라서 조금 심하게 느낀 사람도 있고, 어떤 학생은 거의 냄새가 나지 않는다고도 했죠. 아마 사람마다 후각 능력이 다르기 때문일 겁니다. 어쨌든 일부 암세포에서 특유의 냄새가 난다는 사실은 세포생물학을 하는 사람이라면 대부분 인지하고 있죠.

이런 미세한 냄새를 사람보다 후각 능력이 수백 배 뛰어난 개들은 더욱 민감하게 감지할 수 있습니다. 그래서 가끔 반려견을 키우는 보호자들이 개의 반응 덕분에 자신의 암을 조기에 발견했다고 자랑스레 이야기하기도 하죠. 영국에서는 12년 동안 550건 이상의 암을 찾아낸 반려견 '데이지' 이야기가 소개되기도 했습니다. 데이지는 안내견으로 유명한 래브라도리트리버 품종입니다. 영국에는 암 발견을 도와주는 개를 위한 비영리단체도 있다고 합니다(http://medicaldetectiondogs.org.uk).

코로나19 바이러스는 전파력이 강한 만큼 조기 발견이 중요한 것으로 알려져 있습니다. 감염 양성인 경우 격리해서 치료를 하는데, 증상이 없더라도 우려되는 경우에는 선제적으로 검사를 하고 있죠. 이런 선제적 검사를 많은 나라가 방역 수단으로 채택하면서, 분자생물학적 방법으로 코로나19 바이러스를 신속하게 진단하는 기술들이 빠르게 개발되고 있습니다.

재미있는 사실은 그중 하나로 개들의 뛰어난 후각 능력을 이용하는 방법이 고려되었다는 겁니다. 프랑스에서 개를 훈련시켜 코로나19 감염 여부를 진단하는 테스트를 실제로 진행했다고 합니다. 코로나19 양성자와 음성자의 땀을 채취해 개를 훈련시킨 후 테스트를 해보았더니 높은 확률로 코로나19를 진단해냈다고 합니다. 같은 훈련을 미국과 영국 등 여러 나라에서 진행해, 개의 후각 능력을 이용한 코로나 감염 진단이 가능하다는 연구 결과가 나왔습니다. 핀란드의 헬싱키 공항에서는 실제로 훈련받은 개들이 코로나19에 감염된 사람을 탐지하는 데 투입되기도 했죠. 이 경우 개들이 사람의 코로나19에 감염되지 않을까 걱정하는 분도 계실 텐데요. 현재까지 알려진 바로는 사람의 코로나19 바이러스가 개에게 전염되지는 않는다고 합니다.

세상을 바꿀
동물학자의
연구실

동물 복제의 의미

1997년 《네이처》에 세상을 뒤흔들 만큼 획기적인 발생생물학 분야의 연구 논문이 발표되었습니다. 바로 복제 양 '돌리'의 탄생을 알리는 순간이었죠. 일반적으로 포유동물은 정자와 난자가 수정 된 후에 수정된 배아가 착상을 하는데, 복제 양 돌리는 정자 없이, 즉 일반 체세포를 핵을 제거한 난자에 집어넣은 것을 착상시켰습니다. 생식세포가 아닌 체세포의 핵이 그 자체로 분열해서 완전한 동물이 태어날 수 있음을 보여준 거죠.

그 후 돌리와 같은 방법으로 다양한 동물이 복제되었습니다. 굳이 순서를 따지자면 소(1998), 마우스(1998), 돼지(2000), 염소

(2000), 고양이(2002), 노새(2002), 말(2003), 랫(2003), 개(2005), 페럿(2006), 낙타(2010), 원숭이(2018) 등의 복제 동물이 연이어 태어났죠. 사람을 제외한 거의 모든 포유동물에서 복제가 성공한 셈입니다.

복제 양 돌리의 탄생이 알려진 1997년을 기점으로 많은 관심을 받게 되었지만, 사실 복제 동물 연구 역사는 훨씬 과거로 거슬러 올라갑니다. 1952년 로버트 브릭스와 토머스 조지프 킹에 의해 시작되었다고 할 수 있죠. 두 사람은 미국 필라델피아 대학에서 발생학 분야를 연구했고, 주로 개구리 난자(알)와 정자를 이용해 복제를 시도했습니다. 봄이 가까워지면 개구리는 물속에 많은 알을 낳습니다. 자궁이나 껍질의 보호도 없이, 따로 영양분이 공급되지 않아도 민물 속에 넣어두기만 하면 부화되어 올챙이가 되고, 얼마 지나지 않아 개구리로 성장하죠. 키우는 데 특별한 조건이 없는 데다가, 자궁이나 껍질 같은 보호막이 없어 세포를 다룰 때 장애물이 거의 없기 때문에 당시에는 주로 개구리를 이용해 연구했습니다. 그리고 개구리의 분할된 배아세포 중 한 부분을 떼어낸 후, 핵이 제거된 알에 떼어낸 배아를 넣어 핵이식을 시도했죠. 이 알이 부화해 올챙이가 됨으로써 핵이식을 통한 복제에 성공합니다.

이후 좀 더 현대적인 의미의 복제, 즉 개구리 성체의 체세포가 배아에 이식되어 복제 개구리가 태어날 수 있다는 사실을 1962년 영국 과학자 존 거든이 증명했습니다. 거든은 개구리의 장 상피세포를 이용해 개구리를 복제할 수 있다는 논문을 발표했고, 그가 제시한 체세포 핵 이식은 동물 복제와 배아 줄기세포 연구의 기반이 되었습니다. 발생생물학의 도약에 기여한 공로를 인정받아 한참 후인 2013년 노벨 생리의학상을 수상했죠.

개구리에서 증명된 복제 연구는 자연스럽게 포유류로 넘어갑니다. 개구리 연구처럼 초기에는 배아 단계의 세포를 분리해서 배아 복제를 하는 방식이었죠. 처음 배아 복제 포유동물이 태어났을 때는 이미 배아 복제 방식의 복제가 성공하는 것은 당연하다는 인식 때문에 큰 주목을 받지 못했습니다.

그 후로 거든이 했던 것처럼 성체의 세포(태어난 동물의 세포를 '체세포'라고 부릅니다)를 복제하는 방법이 포유동물에서도 시도됩니다. 성체에서 분리 배양된 체세포를 핵이 제거된 난자에 집어넣는 핵 이식 이후에 자궁에 착상시켜 태어나게 하는 방법이었죠. 오랜 시간과 수많은 실험과 끈기 있는 시도 끝에 체세포 핵 이식 방법을 통한 복제 배아가 마침내 양에서 성공할 수 있었습니다.

이 실험이 지리한 실패의 연속 끝에 성공하기까지 여러 가설에 기반한 다양한 시도가 있었는데요. 당시 과학자들은 체세포 핵 이식 성공률이 낮은 이유를 찾다가, 세포의 주기에 원인이 있을 것이라는 추측을 바탕으로 세포 주기를 동기화하는 방법을 고안했습니다. 세포는 계속 분열하는 특성이 있기 때문에 분열기에는 유전자가 정상기보다 두 배 많은데, 이 분열기 세포로 체세포 복제를 하면 실패 확률이 높아진다는 가설이었죠.

세포 주기를 동기화해 오류가 발생할 확률을 줄이고 나서야 체세포 핵 이식 배아가 완성될 수 있었고, 그 후로도 착상과 임신 유지까지 많은 노력이 이어진 뒤 1996년 복제 양 돌리가 태어나 이듬해 발표됩니다. 그다음 해, 그러니까 1998년에 복제 마우스와 복제 소가 미국에서 태어났다는 연구 결과가 보고되었죠.

여기서 한 가지 의문이 생깁니다. 영국의 돌리 연구팀이 포유동물 가운데 실험동물로 가장 많이 활용되는 설치류가 아닌 양을 선택한 이유는 무엇일까요? 임신 기간만 해도 양은 약 150일로 설치류(약 21일)보다 몇 배나 긴데 말이죠. 첫 성공 사례가 되기 위해 빠른 속도로 실험이 진행되길 원했다면 설치류가 훨씬 유리한 조건이었을 테니 말입니다.

해답은 우리 인간의 생활과 관련이 있습니다. 오래전부터 사람들에게 고기와 우유를 제공해온 양과 소는 매우 중요한 동물입니다. 불과 얼마 전까지만 해도, 아니 지금도 더 질 좋은 먹을거리를 더 많이 확보하는 것은 인간에게 가장 중요한 문제입니다. 그래서 과학자들은 우유와 고기를 더 많이 생산하는 우수한 품종을 얻기 위해 오랫동안 양과 소의 생식세포를 연구해왔죠. 양과 소에 관한 연구의 역사는 아마도 설치류 연구만큼이나 유구할 겁니다. 또한 산업동물이다 보니 큰돈을 벌 수 있는 기회가 열린 분야였기 때문에 더 활발하게 연구가 이루어져왔죠. 이런 이유로 설치류보다 먼저 양에서 복제 동물이 탄생했고, 이어서 소와 염소, 돼지 등의 복제도 뒤따랐습니다.

저는 박사과정 중 여러 동물의 복제 실험을 진행했습니다. 다양한 동물의 생식세포를 현미경으로 관찰하며 미세한 피펫으로 다뤘죠. 일반적으로 큰 포유동물이 작은 동물에 비해 생식세포가 클 거라고 생각하기 쉽습니다. 마우스의 난자(직경 약 80마이크로미터)보다 사람의 난자(직경 약 110마이크로미터)가 큰 건 당연해 보입니다.

　그렇다면 소나 말은 어떨까요? 사람보다 클까요? 아닙니다. 소, 돼지, 양, 사슴 등 제가 직접 관찰한 이 동물들의 난자는 사람의 난자와 크기가 비슷했습니다. 오히려 개와 고양이의 난자가 180마이크로미터로 사람의 난자보다 훨씬 크더군요. 현미경으로 마우스의 난자를 보다가 개의 난자를 보면 메추리알을 보다가 계란을 보는 것처럼 엄청나게 커 보여서 깜짝 놀라곤 했던 기억이 있습니다.

또 한 가지 재미있는 사실은 동물마다 난자의 생김새나 색깔이 조금씩 다르다는 겁니다. 왜 그런지는 아직 밝혀지지 않았지만요.

포유동물 복제는 대중들도 많은 관심을 갖고 지켜보는 연구 분야여서 관련 성과가 나올 때마다 미디어에 크게 보도되곤 합니다. 그만큼 중요한 연구라는 이야기일 텐데, 과연 어떤 의미가 있는 걸까요?

먼저, 반려동물과 산업동물에서는 완전히 같은 개체가 복제되어 존재한다는 데 의미가 있습니다. 개와 고양이로 대표되는 반려동물은 현대 사회에서 사람들과 삶을 공유하고 기쁨과 슬픔을 나누며 서로 의지하는 가족과도 같은 존재입니다. 이런 반려동물이 나이가 들거나 갑작스러운 사고로 사망했을 때 사람들은 큰 충격과 슬픔에서 쉽게 헤어나지 못하죠. 다른 반려동물을 키우면서 슬픔을 잊는 경우도 있지만, 다시는 반려동물을 키우지 못하는 사람들도 있습니다. 그런데 고양이와 개의 복제가 가능해지면서 자신의 반려동물 복제를 희망하는 사람들이 생겨났고, 이를 실현시켜주는 회사도 생겨났죠.

산업동물의 복제는 축산업의 경쟁력 향상에 중요한 의미를 지닙니다. 질병에 잘 걸리지 않고 우유나 고기 생산 능력이 뛰어난 소, 양, 돼지, 염소 등으로 개량하는 것은 축산업에서 매우 중요한 기술인데요. 소의 경우 우수한 품종을 개량하는 데 자연적인 선별 번식 방법으로는 10년이 걸리는데, 우수한 개체를 복제하는 방법을 적용하면 5년으로 단축할 수 있습니다. 그래서 산업동물 복제는 축산업에서 매우 중요한 영역으로 자리잡고 있죠. 특히 산업을 중시하는 미국에서는 복제 동물 산업화를 위해 발 빠르게 움직이고 있습니다. 최근 복제로 태어난 소, 양, 염소, 돼지의 수가 빠르게 증가했고, 복제된 산업동물 유래 식품(고기 및 우유)에 대한 안정성 평가도 신속하게 실행했는데, 그 품질이 일반 가축에서 생산된 것과 차이가 없다는 평가를 받아서 미국 식품의약국FDA이 식품으로 승인하기도 했죠.

한편 생명과학에서는 같은 개체의 존재라는 것 외에 또 다른 의미가 있습니다. 영장류를 비롯한 다양한 동물의 복제 연구는 '발생학'적으로 큰 의미가 있죠. 동물이 태어나려면 일반적으로 정자와 난자의 수정이 이루어져야만 하는데, 정자 없이 난자에 체세포를 집어넣음으로써 동물을 탄생시킬 수 있다는 것은 지금까지와는 결이 다른 생명과학이라고 할 수 있습니다.

생물학적으로 동물은 생식세포를 제외하고 모든 세포가 점차 노화되어 죽게 되어 있습니다. 예를 들어 피부세포는 분열해서 새로운 세포로 대체되고 기존의 세포는 죽어서 떨어져나가죠. 그렇게 세포의 운명은 정해져 있는 것으로 보였습니다. 그런데 그 피부세포를 난자에 집어넣어주면 마치 수정된 배아처럼 분열하고, 착상 후에는 모든 세포와 장기로 분화해 동물로 태어납니다. 피부세포가 난자에 들어간 후, 동물의 몸을 구성하는 200여 가지 이상의 각기 다른 세포로 변한다는 것은 무엇을 의미할까요? 이것은 피부세포의 유전자가 몸의 모든 세포로 변할 수 있는 능력이 있는데, 다만 피부세포로 분화된 후에는 그런 능력이 억제되었음을 뜻하는 거죠.

과학자들은 이미 운명이 결정되어 분화가 끝난 상태의 세포가 난자와 같은 조건만 주어지면 언제든지 다시 미분화 상태로 바뀌는 현상을 관찰하면서 배아 줄기세포에 관심을 갖게 됩니다. 결국 복제 연구 과정에서 등장한 체세포 핵 이식이라는 방법이 줄기세포 연구의 포문을 열면서, 상상 이상의 거대한 영역에 발을 내딛게 된 거죠.

그렇다면 현재 복제 동물이 가장 활발하게 응용되는 분야는 무엇일까요? 바로 유전자 편집 분야입니다. 지금까지의 복제가 단순한 개체의 복제였다면, 유전자 편집 기술의 발달과 함께 다른 차원의 연구로 도약하게 됩니다. 바로 유전자가 편집되어 재조합된 세포를 복제 방식으로 태어나게 함으로써 원하는 개체를 만들어내는 것이죠.

복제 기술로 특정 질병을 가진 동물이 태어나도록 하는 것은 매우 중요한 과학적 성과입니다. 복제 양 돌리 이전에는 유전병이 있는 동물을 만들 수 있는 건 대부분 설치류에서였습니다. 하지만 그 연구 결과를 사람에게 적용하려면 설치류보다 큰 동물들에서의 연구가 필요했습니다. 설치류는 사람과 비슷한 질병을 공유하는 정도가 낮아서, 실제 질병을 임상적으로 적용하는 데는 한계가 있었기 때문이죠. 돌리의 탄생 이후 다양한 포유동물의 복제에 성공하면서, 특정 유전병을 가진 적합한 크기의 동물을 만들 수 있었습니다. 복제 동물을 이용해 장기 이식용 돼지, 특정 질병에 안 걸리는 소, 약을 생산하는 염소 등 생명공학에 필요한 모델 연구가 활발해졌죠.

특히 임상실험에서 가장 중요한 동물인 원숭이의 복제는 전세계 과학자들의 이목을 집중시켰습니다. 원숭이의 유전자를 편집해서 만든 질병 모델은 과학자들의 이상적인 연구 대상이라고 할 수 있습니다. 초기 단계의 연구에서는 어쩔 수 없이 설치류를 이용하지만, 좀 더 정확하게 사람의 질병을 이해하기 위해서는 사람과 같은 영장류인 원숭이 모델을 이용해야 합니다. 복제가 가능해지기 전에는 바이러스를 이용해 원숭이에서 연구하고자 하는 유전 형질을 유발하는 시도가 있었지만, 정교한 원숭이 질병 모델을 만들어내기는 매우 어려웠죠.

2017년 중국 연구팀이 처음으로 복제 원숭이 두 마리(중중과 화화)의 탄생을 발표했습니다. 곧이어 신경질병 복제 원숭이 모델을 만드는 데 성공하면서 인간의 다양한 질병을 좀 더 정확하게 이해할 수 있는 기반이 마련되었습니다. 원숭이 외에도 복제 방법으로 다양한 질병 연구 모델이 만들어졌습니다. 예를 들어, 돼지에서는 사람과 비슷한 유전병을 가진 질병 모델을 만드는 것과 함께, 면역 거부 반응이 적은 장기 이식용 복제 돼지 생산에도 성공했죠.

저는 대학원에서 복제 연구를 하며 여러 복제 동물을 만들었습니다. '소 복제를 활용한 형질전환 동물'이 박사학위 주제였으며, 연구실에서 완성된 복제 배아가 실제 소로 태어났을 때는 벅찬 감동을 느꼈습니다. 이후 복제 개 연구에 참여하며 최초의 복제 개 '스너피'의 탄생에도 함께했는데, 스너피의 대리모가 제 반려견인 '심바'이기도 했죠.

소와 개의 복제 연구를 하며 기술적으로 충분히 숙련될 수 있었지만, 단순한 복제 동물에서 연구의 의미를 찾기는 어렵다는 것을 차츰 깨닫게 되었습니다. 그래서 박사후 과정은 방향을 바꿔 유전자 변형 마우스를 만들고 분석하는 캐나다의 연구실로 갔습니다. 유전자를 다루지 않고서는 질병 모델 연구를 하는 데 한계가 있는데, 국내에서는 유전자 편집과 복제 동물을 동시에 다룰 수 있는 곳이 없었기 때문입니다. 초기의 유전자 편집 연구는 주로 마우스를 대상으로 빠르게 발전했고, 저도 설치류 연구의 다양한 기술을 이후에 대형 동물에 적용한 연구를 할 수 있었습니다. 저 역시 처음에는 단순한 동물 복제 연구에 발을 디뎠지만, 그 의미를 확장하기 위해 유전자 편집 연구를 하게 된 것이죠.

복제 동물 연구는 유전자 편집 기술과 맞물려 이제는 필수 불가결한 연구 분야되었지만, 그 거대한 성과에 가려진 단점도 있습니다. 먼저 동물실험에 필연적으로 따르는 윤리 문제가 있습니다. 제가 2007년 박사과정 중에 복제 동물(개) 연구 결과를 미국 대학에서 발표했는데, 우리나라에서는 들어보지 못한 낯선 질문을 받았습니다. 개는 반려동물로서 연구에 대한 윤리 승인이 어려웠을 텐데 어떻게 그렇게 많은 실험을 할 수 있었는지 의아하다는 것이었죠. 난자를 얻고 대리모를 구하기 위해 많은 실험동물이 필요하고, 여러 차례의 수술도 뒤따르니까요.

그때도 지금도 우리나라는 미국 등 과학기술 선진국들에 비해 연구 목적의 동물실험에 대한 윤리 승인이 상대적으로 덜 까다로운 편입니다. 하지만 실험동물에 관한 윤리가 엄격해지는 것은 세계적인 추세인 만큼 변화를 피할 수 없습니다. 우리나라에서도 2019년 동물보호단체를 중심으로 복제 개 연구의 윤리적인 문제점이 지적되어 사회적 파장이 일었습니다. 동물을 사랑하는 많은 사람이 실망하고 분노했던 부끄러운 시간이었지만, 이를 계기로 전보다 빠르게 실험 현장에서 동물복지 문제가 개선되기도 했습니다.

그리고 다른 윤리적인 문제가 있습니다. 원숭이 복제가 가능하다는 것은 사실 사람도 복제할 수 있음을 시사합니다. 물론 사람을 그대로 복제하는 연구는 과학적으로 아무런 실익이 없습니다. 사람의 복제 배아 연구가 이루어지는 영역은 유전병 치료나 줄기세포 연구가 목적인데, 여기서 연구를 어느 선까지 허용하는 것이 윤리적으로 타당한가 하는 문제가 제기되죠. 현재 많은 국가에서 사람의 복제 배아 실험은 아주 엄격한 생명윤리법으로 관리하고 있으며, 우리나라에서도 사람의 복제 배아 연구를 하려면 국가의 승인이 필요합니다. 나라마다 약간씩 기준이 다르지만, 대개 며칠 정도의 배아 단계까지는 허용하는 수준입니다.

동물 복제 연구의 또 다른 단점은 기술의 불완전성입니다. 복제 동물에게서 나타나는 비정상적 현상들의 원인을 아직 규명하지 못하는 것이죠. 동물 복제 연구의 부작용으로 임신 초기에 유산, 사산, 조기 태아사 등이 발생하고, 기형을 가진 채 태어나거나 태어난 후 갑작스럽게 죽는 등의 문제가 있습니다. 자연임신 과정에서도 당연히 기형이 나타날 수 있지만, 복제 과정에서는 기형 발생률이 상당히 높습니다. 또 건강하게 태어난 동물도 이유 없이 갑자기 죽는 경우가 있고요. 한 후배 수의사는 고대하던 해당 질병 모델 복제 돼지가 태어나서 매우 뿌듯했던 것도 잠시, 태어난 동물의 95퍼센트가 이유 없이 생을 마감해서 한동안 심리적으로 무척 힘들어했습니다. 저도 연구를 하면서 기형을 가진 소, 개, 돼지 등이 태어나는 것을 목격했고, 그들의 죽음을 지켜보면서 복제 과정에 여전히 지난한 숙제가 남아 있음을 뼈저리게 느끼곤 합니다.

동물 복제 연구는 이제 놓을 수 없는 분야가 되었지만, 단점을 극복하지 않고서 앞으로 나아갈 수는 없습니다. 과학기술을 한 단계 위로 끌어주거나 단점을 보완해 완성도를 높이는 것은 기초 연구의 몫입니다. 최근 미국에서 복제 동물의 비정상적인 현상이 특정 유전자의 활성화와 관련이 있다는 보고가 있었는데요. 실제로 그 유전자를 활성화하니 기형률이 현저히 낮아졌다고 합니다. 저도 이 논문을 접하고 새삼 기초 연구의 중요성을 절감했습니다.

사실 성과 중심으로 결과만을 평가하는 우리나라 과학계에서는 복제 동물 연구를 지속적으로 하기가 매우 어렵습니다. 어떤 연구를 하면 1년에 논문 몇 편을 써야 하고, 그 기준에 못 미치면 낮은 평가를 받아서 다음 연구 지원을 받지 못할 확률이 높으니까요. 그래서 우리나라 과학자들은 실패할 확률이 높거나 시간이 오래 걸리는 어려운 연구는 아예 처음부터 기피하는 경향이 있죠. 우리나라가 과학기술 강국에 진입한 것은 사실이지만, 기초과학이나 도전적인 주제를 연구하는 비율은 상대적으로 낮습니다. 복제 동물 분야에서도 열매라고 할 수 있는 복제 동물 생산에만 너무 집중한 나머지, 뿌리에 해당하는 유전자 조절 등의 기초 연구는 등한시하는 경우가 많습니다. 그래서 작은 난관에도 쉽게 무너지고, 다양한 방면으로의 발전이 오히려 더딘 상황이죠.

복제 동물 분야에서는 아직도 풀어나가야 할 기초 연구들이 많습니다. 예를 들어, 복제 동물에서 기형이나 유산 등이 많이 일어나는 원인이나 배아 단계에서 유전자가 작동하는 과정은 아직 규명되지 않았습니다. 정교한 유전자 추적 시스템을 구축해서 배아의 발생 시점부터 유전자들이 어떻게 작동되는지 이해하는 작업도 필요해 보입니다. 비단 이 분야에서만이 아니라, 과학계 전반에서 이제는 실패할 확률이 높은 연구에도 과감하게 도전하고, 그런 도전과 실패에 격려와 지원을 해줄 수 있는 분위기가 조성되기를 바랍니다.

2

쥬라기 공원은 가능할까?

공상과학영화를 좋아하신다면 영화감독 스티븐 스필버그의 작품을 꽤 보셨을 텐데요. 연출 외에도 제작이나 기획에 참여한 작품까지 치자면 다양한 장르에서 많은 영화를 만들었지만, 그를 공상과학영화의 거장으로 올려놓은 작품은 아마도 1984년의 〈ET〉였을 겁니다. ET를 자전거에 태우고 밤하늘에 뜬 달을 가로지르는 그 장면, 이 영화를 못 본 세대일지라도 그 장면만큼은 한 번쯤 보지 않았을까요?

그의 작품 중에서 제게 가장 인상 깊었던 영화는 〈쥬라기 공원〉입니다. 1993년에 개봉한 이 영화는 '쥬라기 공원'이라는 가상의 공간을 배경으로 합니다. 이곳은 쥐라기 시대(2억 년 전부터 1억 4,500만 년 전까지)에 살았던 공룡을 현대 생명공학 기술로 되살려내어, 공룡들이 살아갈 수 있는 환경을 테마파크 같은 형태로 만들어서 사람들에게 관람하도록 한 공간입니다. 이 영화가 충격적이었던 것은 외계인같은 상상이 아니라, 현실적으로 곧 실현될 것만 같은 생명공학기술을 바탕으로 했기 때문이었죠. 호박 화석 속에서 발견한 모기 배 속에 들어 있는 공룡의 피를 재료로 공룡의 DNA를 완성한 뒤 유전자 증폭으로 공룡을 만들어낸다는 설정입니다(참고로 여기서 호박amber은 먹는 호박pumpkin이 아니라 식물에서 나온 액상 성분이 굳은 형태를 말합니다. 소나무에서 나오는 송진을 생각하시면 됩니다). 당시 과학계에서도 이것이 가능한 일인지에 대한 의견이 분분했을 정도로 큰 관심을 모았습니다.

그때 제가 고등학교 3학년이었는데요. 이런 과학은 교과서에서 설명하는 과학과는 완전히 다른 종류의 것이었죠. 역사가 되어버린 과학들만 나열된 책에서 벗어나, 상상을 현실로 끌어당기는 과학의 매력에 완전히 압도되었습니다. 지금에 와서 생각하면 스필버그 감독이 과학자가 아니었기 때문에 이런 전개를 상상할 수 있었던 것 같습니다. 20여 년이 지난 지금도, 이런 질문을 받으면 저는 꽤 난처하거든요.

"〈쥐라기 공원〉에서처럼 공룡을 정말 복원할 수 있나요?"

멸종된 동물을 복원하는 영화 속 상상이 현실이 된다면 정말 엄청난 일이겠지만, 안타깝게도 "현재의 과학기술로는 불가능합니다"라고 대답할 수밖에 없습니다. 물론 이론적으로는 가능한 면이 있지만, 현실적으로는 실현될 수 없는 일입니다. 영화에서처럼 공룡을 실제로 태어나게 하려면 공룡 유전자의 합성과 복제가 이루어져야 하니까요.

저는 한때 소를 복제하는 것이 주요 연구 분야였고 개, 돼지, 늑대 등의 복제 연구에도 참여했습니다. 이런 복제 동물 연구 결과는 많은 사람에게 멸종한 동물, 특히 맘모스나 공룡도 복제할 수 있을지 모른다는 상상을 하게 했고, 일부 미디어에 그런 내용이 소개되기도 했죠. 저 또한 멸종된 동물을 복제하는 기술이 실용적으로 사용될 수 있는 미래가 조금이라도 빨리 우리에게 다가온다면 과학자로서 무척 행복할 것 같습니다. 하지만 결론적으로 멸종 동물 복제는 현재로서는 불가능합니다.

왜 그런지는 현재의 동물 복제 과정을 살펴보면 이해가 쉬울 겁니다. 동물을 복제하려면 먼저 세 가지 조건이 필요합니다. 첫째, 복제 대상 동물의 망가지지 않은 핵이 있어야 합니다. 둘째, 그 핵이 복제된 후 증식할 수 있는 공간, 즉 복제 대상 동물의 난자라는 세포가 존재해야 합니다. 셋째, 마지막으로 그 배아가 착상할 수 있는 대리모가 있어야 하죠. 이 세 가지 조건이 갖춰지지 않으면 2022년 현재로서는 복제 동물을 완성할 수 없습니다.

이 세 가지 조건을 현실에 대입해보면 멸종한 맘모스의 복제가 불가능함을 알 수 있습니다. 현재 러시아 빙하에서 발굴된 맘모스의 사체에서 얻은 유전자를 해독해보면 온전한 핵은 발견할 수 없습니다. 2008년 핵의 중간 부분이 끊어져 있다는 보고가 있었죠. 그러니 첫째 조건이 성립되지 않습니다. 둘째, 이 핵이 건강한 난자 세포로 들어가야 제대로 증식되어 개체가 됩니다. 하지만 현실적으로 맘모스의 난자가 존재할 리 만무하죠. 마지막으로 대리모를 해줄 암컷 동물이 필요한데, 역시 존재할 리가 없습니다. 세 가지 조건이 모두 충족되지 않기 때문에 맘모스 복제는 불가능하다는 것이 현재의 결론입니다.

물론 과학자들은 이를 극복할 수 있는 대안을 열심히 찾고 있습니다. 첫 번째 조건에 대해서는 좀 더 온전한 핵을 가진 맘모스 사체를 찾고, 그 핵의 염기서열을 최신 기술을 적용해 최대한 해독하기 위해 노력하고 있죠. 아직 100퍼센트 완벽한 핵을 가진 맘모스 조직은 발견되지 않았지만, 알려진 유전 정보를 바탕으로 해석해보니, 코끼리와 비슷한 부분이 많다고 합니다. 그래서 현재 코끼리 유전자와 비교해 해석하는 연구가 진행되고 있죠.

두 번째와 세 번째 조건인 난자세포와 대리모 문제는 사실 온전한 핵을 찾는 것보다 더 비현실적입니다. 모두 알다시피 맘모스는 (암컷을 포함해서) 모두 멸종해버렸으니까요. 일부 과학자들은 맘모스와 비슷한 코끼리의 난자를 이용하고, 암컷 코끼리를 대리모로 활용하는 방법을 제안하기도 했는데요. 이론적으로는 이해가 가는 면이 있지만, 현실적으로 생각해보면 이 또한 불가능합니다. 현재 코끼리도 멸종 위기 등급에서 상당히 위험한 '취약'에 해당되는데, 그런 코끼리에게서 난자세포와 대리모를 얻는다면 연구 과정에서 불가피하게 많은 수의 코끼리가 희생될 수밖에 없고, 그러면 또 다른 동물의 멸종을 부추기는 상황이 되기 때문이죠. (참고로 멸종 위기 등급은 웹사이트 https://www.iucnredlist.org/에서 확인할 수 있습니다.)

그럼에도 여전히 많은 사람들이 멸종 동물 복원이라는 환상을 좇고 있습니다. 러시아를 비롯해 몇몇 나라의 연구팀은 맘모스의 온전한 핵을 찾기 위한 연구를 진행하고 있고, 일부에서는 그 핵을 바탕으로 염기서열을 풀어, 코끼리에서 진화의 근거를 찾기도 하는 등 미래의 합성 맘모스 탄생에 대한 희망의 끈을 놓지 않고 있지요.

이렇게 얻어진 맘모스 유전자 분석 연구 결과들은 코끼리과 동물의 진화에 대한 기초 연구 자료로 활용되고 있습니다. 이런 진화의 근거를 바탕으로 미국의 유명한 유전학자 조지 처치가 코끼리의 유전체를 편집해 맘모스와 비슷하게 만드는 작업을 실험실in vitro 수준에서 진행하고 있다는 뉴스가 보도되기도 했죠. 아직은 생체in vivo 수준의 실험까지는 미치지 못하지만, 계속해서 밝혀지고 있는 맘모스와 코끼리의 유전자 진화에 대한 연구는 유전자의 돌연변이를 이해하는 데 크게 기여할 것으로 기대를 모으고 있습니다.

영화 〈쥬라기 공원〉의 공룡을 현실화하기는 여전히 불가능할 것으로 생각되지만, 이렇게 상상 속에서나 가능한 일들에 대한 과학적 호기심과 연구자들의 노력으로 (공룡의 유전자를 합성하지는 못했지만) 생물체 유전자의 분석과 합성 기술 분야 전반에 엄청난 발전이 있었습니다. 먼저 유전자 분석 기술의 발전으로 사람의 염기서열이 확인되었죠. 사람의 유전자 수는 아직 정확하게 밝혀지지 않았지만, 대략 2만 5,000개 정도 된다고 합니다. 그 많은 유전자를 한 개씩 분석하고 정확하게 이해하려는 연구가 누적되면서, 유전자의 다양한 기능을 알게 되었죠. 그 과정에서 새로이 궁금한 점들도 생겼습니다.

"왜 이렇게 많은 유전자가 필요한 걸까?"

"이 가운데 불필요한 유전자는 없을까?"

유전자에 대한 연구가 쌓이고 컴퓨터에 기록되면서, 과거보다 쉽게 유전자의 기능 관련 정보를 찾을 수 있게 되었습니다. 특히 다양한 유전자의 기능에 관한 컴퓨터 프로그램이 개발되어 있어서 아주 유용하죠. 유전자의 이름을 검색하면 각각 어떤 기능을 하는지, 서로 어떤 연관이 있는지 등을 정리해서 알려주거든요.

이런 연구 결과들을 바탕으로 알게 된 사실 중 하나는, 유전자 중에는 실제로 작동하지 않거나 기능이 중복된 유전자들도 있다는 것입니다. 이를 집중적으로 연구하는 분야가 '합성생물학'인데요. 유전자를 분석하고 재조합하는 기술이 발달하면서 새롭게 등장한 학문 분야로, 유전자들을 합성해 그 생물학적 기능을 밝히고자 하는 것이죠. 합성생물학에서는 톱다운top-down과 보텀업bottom-up 방식으로 유전자를 분석하고 이해합니다.

톱다운 방식은 주로 기존의 생명체에 새로운 유전자를 도입하는 연구입니다. 유전자의 기능이란 DNA를 RNA로 풀어 그 안의 염기서열을 번역해서 단백질을 생산하는 것이라고 할 수 있는데요. 이때 '단백질 번역 서열' 앞에는 유전자의 개시를 알리는 '촉진자'와 염기서열을 단백질로 번역해줄 번역체가 결합할 '번역체 결합 위치'가 있어야 합니다. 그 뒤로 주인공인 단백질 번역 서열이 있고, 마지막으로 번역을 중단시키는 '종

결자'가 위치해야 제대로 된 결과물을 만들 수 있죠. 이런 구성의 한 단위 유전자를 미생물에 도입해 기능을 관찰하는데, 다른 생물의 유전자를 넣는 것 외에도 인위적으로 새롭게 조합한 유전자를 넣어 작동하는지 시험하기도 합니다. 이 과정에서 실제로 기능을 하는 유전자를 골라내고, 생명체의 존속에 관여하는 필수 유전자를 찾아내는 것이죠.

보텀업 방식은 유전자들을 조합해 생명체를 구성하는 연구입니다. 생존과 번식이 가능한 생명체를 구성할 수 있는 최소한의 필수 유전자를 일컬어 '최소 유전체'라고 부릅니다. 생화학자 크레이그 벤터는 이 분야의 선구자 중 한 명입니다. 그는 최소 유전체로 구성된 생명체를 만들고자 연구를 거듭했습니다. 마침내 471개의 유전자를 조합해 합성 미생물체를 만들어 냈지만, 이 생물체는 스스로 증식하는 능력이 없었죠. 2021년에는 473개의 유전자로 좀 더 진화된 미생물체를 만들어냈는데요. 이 생물체는 스스로 증식할 수 있는 최소 단위 합성 생물체로 기록되었습니다. 믿기 어려운 발전이죠.

관련 논문들이 과학 학술지에 발표되었을 때, 일부 미디어에서는 머지않아 포유동물의 염색체를 합성할 수 있을 것이라는 예측 기사를 쓰기도 했습니다. 하지만 포유동물은 미생물과는 비교할 수도 없을 만큼 거대하고 복잡하게 구성되어 있기 때문에 동물에게 유전자 합성을 적용하기까지는 여전히 요원해 보입니다. 그래도 인류가 지속하는 한 영원히 불가능한 것은 없겠죠. 불과 100년 전까지만 해도 과학자들이 합성 미생물체를 만들어내리라고는 어느 누구도 예측하지 못했으니까요. 지금처럼 유전자 분석과 합성 연구가 활발하게 진행된다면, 100년 후에는 실험실에서 합성 미생물체를 만드는 수준을 넘어서 과연 어디까지 실현시킬 수 있을지 자못 궁금하네요.

냉동인간의 꿈

〈겨울왕국〉, 몇 번이나 보셨나요? 한 번이라면 운이 좋으신 겁니다. 제 딸이 유치원에 다닐 때 1편이 나오고 초등학생 때 2편이 나왔으니, 저는 수십 번을 봐야 했습니다. 그 덕분에 강의 시간에 주인공 엘사가 호수 위에 발을 내디디면 얼음이 생성되는 과정을 과학적으로 설명해 학생들의 호기심과 감탄을 자아내기도 했지만요.

〈겨울왕국〉의 원제는 '프로즌Frozen'입니다. 엘사가 가진 얼음 마법 능력을 중심으로 이야기가 전개되죠. 엘사는 본인도 제어할 수 없는 마력으로 주변의 모든 것을 얼어붙게frozen 하는데요. 엘사의 얼음 공격을 받은 동생 안나가 얼음이 될 위기에 처했다가 엘사의 사랑으로 다시 녹으며 훈훈하게 마무리됩니다(스포일러라면 죄송합니다). 내용상 안나가 완전히 얼어붙기 직전에 엘사가 녹여서 다행히 살아날 수 있었는데, 완전히 얼어버리고 나면 다시 살아날 수 없다는 설정이 전제되어 있음을 알 수 있습니다. 모든 상상력이 허용되는 애니메이션 세상에서도 냉동 후 상당 기간 지난 다음에 (좀비가 아닌 채로) 완벽히 살려내는 것은 무리로 여겨졌나 봅니다.

⚗️

그런데 애니메이션 속 마법보다 어려운 냉동인간의 영역에 도전한 사람들이 있습니다. 그것도 무려 반세기 전인 1967년에 말이죠. 그해 세계 최초로 냉동인간이 된 주인공은 바로 캘리포니아 대학교 심리학과 교수였던 제임스 베드퍼드입니다. 물론 살아 있는 상태로 냉동인간이 된 건 아니고, 본인이 죽으면 바로 냉동 처리해서 보관해달라는 유언이 있었던 거죠. 베드퍼드는 신장암이 폐로 전이되어 죽음에 이르렀고, 사후 그의 유언대로 냉동 작업이 시작되었습니다. 그 과정을 기록한 자료를 보면, 시신을 얼음으로 차갑게 한 후 드라이아이스로 얼리고, 최종적으로 액체질소에 보관했다고 합니다.

이 경우 이미 죽은 상태였기 때문에 냉동된 베드퍼드의 시신을 해동해도 살아날 확률은 '제로'입니다. 당시의 냉동과학 수준을 정확히 알 수는 없지만, 지금조차도 냉동된 조직을 융해했을 때 다시 살아나도록 하는 연구의 성공률은 낮습니다. 그러니 몸 전체가 얼었다가 다시 살아날 확률은 빙하 속에 얼어 있던 고대 생물이 녹아서 다시 살아날 확률과 비슷하다고나 할까요.

베드퍼드의 이런 시도는 인간이 오랫동안 꿈꿔온 불로장생 또는 불사의 삶을 향한 새로운 도전이었다고 평가할 수 있습니다. 역사적으로 수많은 제왕이 늙거나 죽지 않는 방법을 강구했고, 그중에서도 진시황은 불로초不老草를 찾아헤맨 일화로 유명하죠. 그의 명을 받은 서복이라는 사신이 불로초를 찾아 당시 제주도에까지 왔었다는 전설이 전해지기도 합니다. 젊었을 때는 그런 진시황을 조롱했던 당 태종도 나이 들어서는 죽지 않는 신비한 약을 만들도록 명했는데, 결국 그 약의 부작용으로 죽었다는 이야기도 있죠.

어쨌든 그 누구도 불로초는 찾지 못했지만, 그 과정에서 우리는 많은 식물의 효능에 대해 알게 되었고, 질병을 치료하는 방법도 다양하게 발전해 인간의 평균수명은 계속 연장되고 있습니다. 현재는 80세를 넘었고, 머지않아 100세 시대를 예고하고 있죠.

제가 일하는 수의학 분야에서도 다양한 질병의 위협으로부터 동물의 생명을 지킬 수 있는 치료법들이 빠르게 개발되고 있습니다. 하지만 여전히 사람과 동물 모두에게 불치병은 존재합니다. '치료가 안 되는 질병'들을 하루라도 빨리 '치료할 수 있는 질병'으로 만들기 위해 지금 이 순간에도 많은 의과학자들이 노력하고 있습니다.

불치병이라고 불리는 질병의 치료제를 개발하는 데는 짧아도 10년 이상의 시간이 걸립니다. 치료법을 기다리는 환자들 입장에서는 가뜩이나 하루하루 피가 마르는 것처럼 고통스러울 텐데, 10년이 얼마나 길게 느껴지겠어요. 치료제를 기다리는 사이 수명을 다하는 환자를 생각하면 정말 안타깝습니다.

불치병 환자와 가족들 입장에서는 치료제가 개발될 때까지 살고 싶은 마음이 정말 간절하겠죠. 어떻게든 그때까지 살아 있기 위해 할 수 있는 모든 것을 다 해보지 않을까요. 현재의 의학으로는 치료할 수 없다고 하니, 다른 방면에서 효험 있다는 방법들도 모두 동원해볼 겁니다. 몸이 아프면 마음도 약해지기 마련이어서 주변의 이런저런 이야기에 쉽게 휩쓸리기도 하죠. 최근 반려동물의 구충제(펜벤다졸)가 암에 효험이 있다는 소문이 돌면서 여러 사람이 시도해보았다고 하더군요. 일부 동물 병원에서는 개 구충제가 품절되었다는 뉴스도 보도되었죠. 우리나라에서도 암에 걸린 한 연예인이 시도를 했지만, 부작용이 심해져서 결국 투약을 포기했다고 합니다.

그렇게 치료제가 언제 개발될지 모르는 상황에서 건강 상태는 지속적으로 나빠지고 노화도 계속된다면, 치료제가 개발될 때까지 병의 진행과 건강 상태가 이대로 멈췄으면 좋겠다는 소망을 갖는 게 인지상정일 겁니다. 그 방법 중 하나로 사람들이 생각해낸 것이 바로 '냉동인간'입니다. 베드퍼드 박사 이후로도 300여 명이 자신의 몸을 냉동고에 맡겼다고 알려져 있습니다. 우리나라에서도 2020년에 처음으로 냉동인간 사례가 보도되었습니다. 암으로 죽은 어머니의 시신을 냉동 보존했다고 합니다.

그런데 냉동인간은 정말 과학적으로 가능할까요? 생명체는 세포로 구성되어 있다는 사실은 모두 알고 계실 겁니다. 그럼 세포를 냉동 보관했다가 해동하면 다시 살아날까요? 답은 '그렇다'입니다. 여기서 '냉동'이란 일반 가정용 냉동고에 설정된 영하 20도 또는 영하 30도를 말하는 것이 아니고, 영하 196도로 얼려 보관하는 것을 의미합니다. 즉, 액체질소를 이용하는 겁니다. 이를 '초저온 냉동 보존'이라고 하죠.

세포를 이렇게 초저온에서 얼려 보관하다가 몇 년 후 해동하면 다시 살아나서 건강하게 잘 자랍니다. 실제로 액체질소에 수십 년간 보관해온 소의 정자를 해동해서 인공수정을 했는데, 임신이 되어 송아지가 태어난 연구 결과도 보고되었습니다. 사람도 약 20년 전에 수정된 배아를 액체질소에 보관했다가 해동한 것을 이식해 건강한 아기가 태어난 경우가 있죠. 이렇게 액체질소에 세포 등을 보관한 후 해동해서 살아나게 하는 연구 분야를 '저온생물학'이라고 합니다.

저온생물학의 발달로 세포 보관 기술이 상당히 보편화되어, 이런 서비스를 제공하는 생명공학 회사가 생기기도 했죠. 저온생물학이 의료 분야에 많이 응용되는 예로, 미성년자나 결혼하지 않은 사람의 생식세포 보관을 들 수 있습니다. 암에 걸려 방사선 등의 항암치료를 받게 되면 생식세포가 죽어서 불임이 되는 경우가 있습니다. 그래서 항암치료 전에 미리 생식세포를 액체질소에 보관하는 거죠. 이런 저온생물학이 알려지면서 사람도 냉동 보관하면 언젠가 다시 살아나지 않을까 하는 바람으로 냉동인간 서비스가 시작된 게 아닐까 싶습니다.

냉동인간을 만드는 과정은 정확하게 설명할 수 없지만, 그 시작은 아마도 몸 안에서 혈액을 제거하는 것일 듯합니다. 세포를 동결할 때 맨 처음 수분을 없애거든요. 수분이 있으면 동결될 때 부피가 커지고 얼음이 형성되면서 날카로운 구조가 만들어져 세포벽이 망가지기 때문이죠. 몸 안의 혈액을 최대한 제거한 후, 대신 동결보호제를 주입해서 얼음이 서서히 형성되어 세포를 파괴하지 못하도록 합니다. 일종의 부동액 같은 거죠. 그런 다음 몸 전체를 동결 통에 넣어서 초저온 상태로 동결합니다.

현재 이런 방식으로 동결하는 건 이론적으로 가능합니다. 하지만 문제는 해동했을 때 모든 세포가 아무런 손상 없이, 또는 최소한의 손상을 입어 기능에 문제가 없는 상태로 살아나야 한다는 거죠. 세포의 경우 비교적 단순한 구조의 작은 생명체 단위이니, 손쉽게 동결 및 융해가 가능하고, 일부 기능이 망가져도 금방 회복할 수 있습니다. 하지만 사람의 경우 뇌와 심장을 포함한 여러 장기는 수억 개의 세포로 구성된 매우 복잡한 구조로 되어 있죠. 냉동 또는 해동이 되었을 때 세포 가운데어느 정도가 살고 얼마만큼이 죽을지 예측할 수 있는 과학적 근거가 아직은 명확하지 않습니다. 그러니 해동되었을 때 기능이 100퍼센트 돌아올 수 있다고 장담할 수 없는 것이죠.

🧪

냉동인간은 아직은 성공 여부가 불확실하고, 과연 언제 성공할수 있을지 요원해 보이지만, 냉동 연구의 발달로 생명의 시작인 난자 및 정자의 세포 보관은 이제 상용화 단계에 접어들었습니다. 정자세포를 냉동 보관하는 연구는 이미 오래전에 시작되었고, 사람의 정자도 정자은행이라는 제도를 두어 관리하면서 조건에 따라 기증을 하기도 합니다. 난임 부부가 시험관 아기를 시도할 때 착상하고 남은 수정란은 부부의 동의를 받아 냉동 보관했다가 나중에 사용할 수도 있죠. 난자의 경우에는 연구 목적 외의 상용화 정도는 낮은 수준이지만 냉동 보관은 충분히 가능합니다.

난자의 보관은 생리학적으로 정자와는 배경이 다릅니다. 포유동물의 암컷은 난자세포가 배란되는 연령대가 정해져 있죠. 그 나이대를 지나면 난자세포들은 모두 자연적으로 소멸됩니다. 그리고 수정란이 착상된 후 안정적으로 임신이 유지되는 것도 나이에 따라 한계가 있습니다.

20대에서 30대 초반까지는 남녀를 막론하고 사회적 성취에 대한 욕구가 대단히 크죠. 그런데 특히 여성은 결혼과 출산도 대부분 이 시기에 요구받습니다. 생물학적으로는 20대에 임신과 출산을 하는 것이 가장 좋다고 하지만, 이 시기에 일을 열심히 해서 원하는 바를 성취한 다음 천천히 아이를 갖고 싶어 하는 여성이 늘어나고 있습니다. 그래서일까요, 최근 페이스북과 애플은 여성 직원들의 생식세포(난자) 냉동 보관에 보조금을 지원하겠다고 발표했습니다. 미국에서 난자를 동결하는 비용은 1,000만 원이 넘는 것으로 알려져 있습니다. 이제 막 경제활동을 시작한 20대 여성에게는 경제적으로 부담이 될 수밖에 없는 금액이죠. 그래서 회사에 입사하는 여성들에게 지원을 해 준다는 얘긴데, 실제로 이런 지원 정책의 영향인지는 확인하기 어렵지만, 이들 회사의 여성 직원 비율이 증가했다고 합니다. 일본에서도 최근 이런 정책을 도입한 회사가 있다는 보도를 본 적이 있습니다.

냉동인간까지는 아니더라도 난자, 정자, 수정란의 냉동 보관은 기술적으로 안정적인 수준입니다. 하지만 생식세포를 저장해서 생명의 탄생 시기를 인간이 임의로 결정하는 것은 생명의 존엄성과 충돌한다는 윤리적 염려도 있습니다. 현실적으로도 정자나 난자, 수정란을 매매하는 등의 부작용이 우려되기 때문에, 엄격하게 관리할 필요가 있기도 하죠. 또한 연구 목적의 사용에서도 난자 사용과 관련해 홍역을 치른 사례가 있습니다. 과학적 성취를 우선시한 나머지 윤리적인 측면을 고려하지 않은 결과였죠. 과학기술이 발달할수록 그것을 어떻게 사용할지 사회 전체가 함께 고민해야 할 것입니다.

시험관 아기를 탄생시킨
시험관 동물

과학의 역사에는 위대한 발견이 수없이 많지만, 갈릴레오 갈릴레이가 주장한 '지동설'처럼 기존의 세계관을 뒤흔든 충격적인 연구들이 몇 있었습니다. 생명과학 분야에서는 1978년 세계 최초의 시험관 아기 '루이스 브라운'의 탄생이 그런 충격을 주었습니다. 의학계에는 혁신적인 성과였고, 불임 부부에게는 무엇보다 반가운 소식이었지만, 가톨릭을 비롯한 종교계에서는 크게 반발했죠. 인위적으로 인간을 탄생시킨다는 점에 대한 거부감과 우려로 엄청난 윤리적 논란이 일었습니다. 하지만 결과적으로 많은 불임 부부에게 희망과 기쁨을 주는 보편적인 의료기술로 발전한 지금에 와서 보면, 윤리적 관념 또한 시대에 따라 변하는 것이 아닌가 싶습니다.

실험실에서 엄마에게서 채취한 난자를 아빠의 정자와 체외 수정할 때 시험관 안에서 수정시켰다는 이유로 당시 미디어는 루이스 브라운을 '시험관 아기test tube baby'라고 지칭했는데요. 이후 이 말은 많은 사람들에게 익숙한 용어가 되었지만, 사실 과학적으로 적절하지는 않습니다. 엄밀히 말하면 정자와 난자가 실험실의 세포 배양기 안에서 수정되고, 수정된 배아가 엄마의 몸속으로 이식된 후 착상되어 태어난 아이이기 때문이죠. 좀 더 전문적인 용어로는, 실험실에서 즉 '몸 밖'이라는 뜻의 '체외in vitro'에서 '수정fertilization'된 '배아embryo'에서 태어난 '아기'이기 때문에, '체외수정 아기'라고 표현하는 게 더 적절합니다.

첫 '시험관 아기'가 태어나도록 시술한 사람은 누구일까요? 바로 산부인과 의사 로버트 에드워즈로, 이 공로로 2010년 노벨 생리의학상을 수상했습니다. 그는 영국 에든버러 대학에서 생식학 연구로 박사학위를 받았는데요. 그의 연구를 살펴보면 처음부터 사람의 정자 및 난자를 이용한 것은 아니었습니다. 사람의 체외수정 성공률을 높이기 위해 다양한 동물의 체외수정에 대해 먼저 연구했죠(그의 박사과정 논문은 마우스 난자의 성숙을 유도하는 실험이었습니다). 동물의 체외수정 연구를 기반으로 완성된 기술이 '시험관 아기'의 탄생으로 이어졌다고 할 수 있습니다.

체외수정은 이후 여러 방면에서 우리 사회에 크게 기여했는데요. 크게 세 가지로 구분해 설명해보겠습니다.

첫 번째로, 무엇보다도 사람의 '난임' 치료에 큰 도움이 되었습니다. 우리나라도 최근 보건복지부 통계에 의하면 전체 부부의 약 30퍼센트를 난임으로 구분하고 있습니다. 우리나라는 전 세계적으로도 출산율이 낮은 나라에 속하는데요. 출산율을 높일 수 있는 다양한 정책이 제시되고 있습니다. 그중 하나가 바로 아기를 갖고 싶어 하는 난임 부부에게 시험관 아기 시술에 관한 의료 지원을 하는 것입니다. (우리는 이제 '불임' 대신 '난임'이라는 말을 씁니다. 어려운 과정이 있을지언정 아주 불가능한 것은 아니라는, 희망이 깃든 말이죠. 난임의 원인은 매우 다양해서 시험관 아기 시술이 모든 난임 부부에게 해법이 될 수는 없겠지만, 과학기술의 발전을 지켜보면서 더 나은 희망이 생겨나길 기대해봅니다.)

1978년 1명으로 시작된 시험관 아기는 40여 년이 지난 현재 전 세계적으로 700만 명이 넘는 것으로 보고되었습니다. 이렇게 많은 아기가 태어날 수 있었던 것은 관련 연구와 기술이 비약적으로 발전함과 동시에 이를 뒷받침하는 정책과 제도들이 속속 마련되고 있기 때문이죠. 우리나라에서도 최근 시험관 아기 시술에 대해서는 건강보험을 확대 적용하고 있습니다.

두 번째로는, 동물을 대상으로 한 과학 분야에서 우수한 유전자원을 확대하거나 보존하는 데 활용되고 있습니다. 저와 같은 과학자들은 연구에 다양한 동물을 이용하는데요. 이런 실험동물 중에는 희소한 질병이 있거나 특정 유전자를 가졌다는 이유로 가격이 높아서 구하기 어려운 동물들이 있습니다. 직접 그 질병 모델 동물을 만드는 비용도 만만치 않죠. 이 경우 여러 마리를 구입하기 어려우니 암수 한 쌍을 사서 생식세포를 얻고, 체외수정으로 다수의 수정된 배아를 확보하면 많은 수의 실험동물을 얻을 수 있습니다.

또 이런 특수한 동물의 경우, 연구가 끝나면 규정상 남아 있는 동물을 모두 안락사해야 합니다. 그런데 이후에 다시 그 동물을 이용해 실험을 해야 한다면 또 많은 돈을 들여서 구입해야 하죠. 만약 처음에 구입한 동물로부터 미리 체외수정된 배아를 얻어 동결해서 보관해두었다면, 필요한 때에 시험관 동물을 태어나게 할 수 있으니 상대적으로 연구비를 아낄 수 있습니다. 이런 방식은 또한 앞에서 언급했던 '실험동물의 3Rs' 중 하나인 실험동물의 수를 줄이는 데 실질적인 기여를 하기도 하죠.

실험동물과 달리 산업동물의 경우에는 체외수정을 통해 우수한 유전자원을 질병으로부터 보호할 수 있습니다. 여기서

'우수한 유전자원'이란, 소를 기준으로 이야기하면 우유와 고기를 많이 생산할 수 있는 개체를 의미합니다.

앞에서도 소개했지만, 구제역이나 조류독감, 아프리카돼지열병 등으로 소, 닭, 돼지 농가에서 많은 수의 동물을 매몰하는 일이 생깁니다. 전염병 관리 규정에 따라 살처분을 하면 단순히 개체 수 감소에 따른 경제적 손실만 있는 것이 아닙니다. 우수한 유전자를 가진 젖소와 한우를 개량하는 데 들어갔던 10년 이상의 시간과 막대한 예산이 함께 사라지는 것이죠.

2010년에 시작된 기록적인 구제역 때만 해도 많은 자원을 이렇게 잃었습니다. 그때를 계기로 지금은 미리 우수한 젖소와 한우의 생식세포를 확보해 체외수정한 후 냉동 보관해두고 있습니다. 만약 전염병이 발생해 생식세포를 제공한 동물이 매몰되더라도, 전염병이 잠잠해진 후 냉동된 수정란을 이용해 그 개체의 후손을 빠른 시간 내에 태어나도록 할 수 있죠. 이런 농장동물들은 국가적으로 매우 중요한 자원이라서, 국가유전자원보존센터를 만들어 관리하고 있습니다.

세 번째로는, 발생생물학의 발전에 크게 기여했습니다. 체외수정 연구가 거듭되면서 잉여의 배아가 생겨났고, 이를 활용하면서 배아의 유전자에 대한 연구도 진척시킬 수 있었습니다. 또 배아를 구성하고 있는 태반세포와 기관세포를 분리 배양하는 연구도 이루어졌죠. 이런 연구들을 통해서 얻은 대표적인 결과물이 바로 기관세포의 확립입니다. 이 분리된 기관세포를 우리는 '배아 줄기세포'라고 부르죠. 배아 줄기세포는 태반을 제외한 모든 세포로 분화할 수 있는 능력 때문에 난치병 치료에 다가갈 수 있는 획기적인 계기로 평가됩니다. 1982년 세계 최초로 생쥐의 배아 줄기세포 확립에 성공한 마틴 에번스는 2007년 노벨 생리의학상을 수상했습니다.

연구자들은 동물실험을 통해 배아 줄기세포가 다양한 세포로 분화되는 것을 이해했고, 임상실험에 적용할 만큼 많은 양의 줄기세포를 분리할 수 있었죠. 이렇게 동물실험에서 한참 동안 누적된 연구를 바탕으로 1998년 사람의 배아 줄기세포가 확립되었습니다. 이후 전 세계의 많은 과학자가 배아 줄기세포 연구에 뛰어들었습니다. 20여 년이 지난 현재는 사람의 임상실험이 진행될 만큼 많은 발전을 이루었죠.

하지만 이 분야의 연구에서 주도권을 잡기 위한 경쟁이 과열되면서 불미스러운 일들도 발생했습니다. 우리나라에서는 사람의 배아 줄기세포를 연구한 황우석 박사가 발표한 논문에서 여러 오류가 발견되었고, 심지어 줄기세포의 존재 자체에 허위 사실이 있기도 했습니다. 일본에서는 오보카타 하루코 박사가 '만능 세포'를 만들었다고 발표했지만, 연구 부정과 논문 조작 및 표절이 밝혀지면서 연구소에서 해임되었고, 당시 총괄연구 책임자였던 사사이 요시키는 이런 불명예를 맞아 스스로

2부_세상을 바꿀 동물학자의 연구실

목숨을 끊는 극단적인 선택을 했습니다. 이외에도 크고 작은 줄기세포 관련 논문 조작 및 사기 사건이 전 세계에서 발생했습니다. 줄기세포 분야가 생명공학의 판을 다시 짜는 획기적인 연구인 만큼 그 그늘도 깊고 어두웠던 거죠.

이처럼 약 40년 전에 처음 태어난, 체외에서 수정된 '시험관 아기'는 생물학에 커다란 변화를 가져다주었습니다. 지금은 사람의 난임 치료에 없어서는 안 될 중요한 시술로 자리 잡았고, 줄기세포를 이용해 불치병을 치료하는 세포 치료제에도 한 걸음씩 다가가고 있죠.

40년 전에 시작된 시술이 이제야 사람의 난임 치료에 적용되고 있는 만큼, 실질적인 세포 치료제도 향후 몇십 년 정도 걸릴 수 있다는 여유로운 마음으로 지켜봐야 할 것 같습니다.

실험동물의 희생을 줄일 수 있는 '오가노이드'

앞에서도 이야기했지만, 마우스와 랫 같은 설치류를 포함해 다양한 실험동물이 사람의 신약 개발 및 질병 치료를 위한 연구에 이용되고 있습니다. 연구를 통해 개발된 약이 사람들에게 정말 효과가 있는지, 위험하지는 않은지 동물을 통해 미리 확인하고 검증하는 거죠. 설치류의 경우 적게는 10마리, 많게는 100마리 이상을 대상으로 실험을 하는데, 당시에는 연구 및 실험이 끝나면 이 동물들을 규정상 모두 안락사시켜야 했습니다. 개도 마찬가지입니다.

"교수님, 한 마리 정도는 제가 데리고 나가서 키워도 되지 않을까요?"

"굳이 다 안락사시킬 필요까지는 없지 않나요?"

처음 연구에 참여하는 학생들은 실험동물의 존재와 이용, 그리고 희생에 대해 고민이 많을 수밖에 없습니다. 생각해보면 저 또한 처음 연구에 참여했던 시절에는 자주 밤잠을 설쳤습니다. 하지만 법적으로 실험동물은 외부 반출이 금지되어 있습니다. 예를 들어 실험하는 과정에서 특정 질병이나 유전자를 갖게 된 실험동물이 자연환경에 노출될 경우 생태계를 교란시킬 수 있기 때문이죠.

실험동물의 희생 속에서 결과를 얻고, 그 부채감에 짓눌리는 건 어느 연구자나 마찬가지일 겁니다.

그런데 저는 연구 외에 임상도 겸하는 수의사라 10년 이상 연구와 함께 병원에서 아픈 동물을 치료하는 일을 병행해왔습니다. 제가 보는 환자는 주로 개인데요. 생명이 위태로운 환자는 수술 후에도 마음을 놓지 못하고 밤새 돌봐야 합니다. 어떤 개는 '사람의 질병 치료를 위한 연구'라는 대의명분을 위해 희생시키고, 어떤 개는 꺼져가는 생명을 살리기 위해 이렇게 애를 쓰고… 그 가름의 기준이라는 것이 인간 중심적이고 이기적인 것이죠. 연구와 진료, 두 가지 일을 함께하다 보면 그런 모순된 순간들이 간혹 찾아옵니다.

그럼에도 희망스러운 점은 3Rs, 즉 실험동물의 수를 줄이고 대체하고 고통을 줄일 수 있는 방법이 다양한 방향으로 진화하고 있다는 것입니다. 저는 평소 실험동물을 대신할 수 있는 세포실험에 관심을 갖고 이런저런 자료를 찾아보곤 했는데요. 그러다가 우연찮게 '실험실에서 장기를 배양한다'는 기사를 읽게 되었습니다. 바로 '오가노이드organoid'라는 학문 분야를 소개하는 내용이었죠.

2017년 우연히 참석한 세포생물학 학회에서 오가노이드에 대한 강의를 들을 기회가 있었습니다. 원래 동물의 많은 장기는 줄기세포를 가지고 있습니다. 그 장기의 줄기세포를 분리해 체외에서 배양해 다시 장기로 분화시킨 것을 오가노이드라고 하죠. 정확히 말하자면 '줄기세포로 만들어진 장기 유사체'인데, '미니 장기'라고도 부릅니다. 특정 장기의 줄기세포를 3차원으로 배양하기 때문에 장기의 독특한 구조를 형성할 수 있지요. 이 기술을 활용하면 동물실험에서 동물의 수를 줄이는 데 도움이 될 것으로 기대하고 있습니다. 당시 저는 주로 돼지와 소를 연구하고 있었는데, 이 동물들에서도 오가노이드 기술을 적용할 수 있다면 동물의 희생을 최소한으로 줄이면서 연구를 할 수 있겠다 생각했죠.

뜻이 있는 곳에 길이 있다더니, 한국연구재단에서 지원하는 '한국-EU 공동 연구 프로젝트' 공지를 보게 되었습니다. 반가운 마음에 지난번 학회에서 인사를 나눈 영국의 (한국인) 오가노이드 학자에게 연락했습니다. 이번 프로젝트에 중대형 동물 오가노이드를 주제로 신청하려고 하는데 추천서를 써줄 수 있는지 묻자, 그는 흔쾌히 응해주었습니다. 그리고 얼마 후 감사하게도 프로젝트에 선정되었다는 연락을 받았죠.

그렇게 해서 처음으로 연구년을 보내게 된 곳이 앞에서 소개한 오스트리아 빈의 연구소 IMBA입니다. 초청장을 써준 과학자가 그사이에 오스트리아 빈에 있는 IMBA로 옮기게 되어, 저도 그곳으로 가게 되었죠. 분자생물학 분야의 선두를 달리는 연구소에서 저도 마우스로 오가노이드 실험을 해볼 수 있었는데, 지금까지와는 전혀 다른 환경에서 새로운 주제의 연구를 하다 보니 하루하루 공부가 정말 재미있었습니다. 소장에 있는 줄기세포를 분리해 3차원 배양을 하는데, 정말 신기한 구조로 배양이 되더군요. 특정 배양 조건에서는 소장세포가 상피세포로 변하는 모습도 관찰할 수 있었습니다. 이렇게 소장 오가노이드 세포를 몇 달간 배양하면서 특정 약물에 어떻게 반응하는지 등 연구 전반을 개략적으로 이해할 수 있었지만, 주도적으로 실험을 진행해 깊이 들어가기에는 너무 짧은 시간이라 연구년을 몇 달만 신청하고 온 것이 아쉽기도 했습니다.

저는 오랫동안 체세포 배양을 연구했는데, 그동안은 세포를 평면으로 배양했습니다. 실제 동물의 체세포는 3차원으로 구성되어 있으니, 실험 결과가 현실과 다르게 나오지 않을까 늘 아쉬움이 있었죠. 세포를 3차원으로 배양해보려는 시도는 오랫동안 있었습니다. 앞서 살펴본 배아 줄기세포 배양도 3차원 배양을 위한 노력 중에 나온 결과라고 할 수 있죠.

이전까지는 진정한 의미의 3차원 배양이라고 하기에는 한계가 있었습니다만, 이제 지지체의 발달로 가능해졌습니다. 동물의 세포는 혼자 자라지 않고 무언가에 붙어서 자라는데, 실험실에서는 그렇게 지지할 수 있는 구조가 없어서 그냥 평면으로 배양을 했던 거죠. 이런 한계를 극복하기 위해 마우스 암세포에서 얻은, 젤라틴처럼 끈적한 마트리젤을 지지체로 활용해 3차원 배양이 가능해진 겁니다. 지지체 외에도 세포들이 잘 자라도록 돕는 성분들에 관한 다양한 연구도 진행되었습니다.

그 결과, 2009년 네덜란드의 한스 클레버스 연구팀이 처음으로 소장에서 오가노이드를 구성할 줄기세포를 분리해내고, 이 세포들에 여러 가지 세포 성장인자들을 넣어서 장 오가노이드를 만들어냈다고 발표했습니다. 이후 신장, 간, 췌장, 전립샘, 유선, 뇌 등 여러 장기에서 유래된 오가노이드가 배양되어 다양한 연구에 사용되고 있죠. 최근 가장 흥미로웠던 연구는 2020년 뱀이 독을 분비하는 침샘 유래 오가노이드가 만들어졌

2부_세상을 바꿀 동물학자의 연구실

다는 겁니다. 뱀의 독은 사람을 죽일 수도 있지만, 소량으로 이용하면 통증을 관리하고 치료하는 효과가 있는데요. 그 독을 살아 있는 뱀에서 얻는 것이 아니라, 뱀 유래 오가노이드에서 얻을 수 있는 시대가 된 겁니다.

연구에 참여하는 것 외에도 IMBA에서 특히 즐거웠던 경험은 특강을 듣는 것이었습니다. 오가노이드를 연구하는 유럽의 많은 과학자가 IMBA에 와서 자주 특강을 했거든요. 그중 가장 몰입해 들은 강의의 주제는 바로 뇌 오가노이드 연구 결과였습니다. 뇌세포를 연구하기 위해서는 동물의 뇌를 반복적으로 적출해서 배양해야 하는데, 뇌 줄기세포를 3차원으로 배양해 대뇌와 소뇌를 만들어서 신경의 기능을 연구한 결과는 가히 압도적이었습니다.

또 한 의사는 환자의 암 조직을 분리 배양해서 오가노이드를 만든 후, 그 환자에게 어떤 항암제가 잘 맞는지 테스트해본 다음 약물을 처방했더니 효과가 좋았다는 결과를 들려주었습니다. 많은 암 환자들이 항암제 치료를 받는데, 같은 조직에서 발생한 암이라고 해도 같은 항암제가 항상 같은 효과를 보여주지는 못합니다. 예를 들어, 폐암 환자 A에게 B라는 약을 처방해 효과를 보았다고 해도, 다른 폐암 환자 C에게는 B가 효과가 없거나 오히려 부작용이 발생하는 경우가 있는 것이죠. 이런 경우 약을 선택하기 전에 그 환자의 폐암에서 얻은 오가노이드에 여러 항암제를 적용해보면 훨씬 빠르고 정확하게 효과를 볼 수 있는 약을 처방할 수 있겠죠.

이런 연구 성과들을 들을 때면 온몸에 소름이 돋았습니다. 앞으로 오가노이드를 활용하면 동물실험을 줄이는 장점에만 그치는 것이 아니라, 더 정확하게 질병을 치료하는 방법을 찾아낼 수 있을 테니까요. 아직은 좀 먼 이야기지만, 손상된 장기의 기능을 대체하는 것에 대한 기대도 있습니다.

IMBA에서의 연수 기간을 마치고 귀국한 후 저도 오가노이드 기술을 중대형 동물에 적용해보았습니다. 돼지와 소의 소장에서 오가노이드 줄기세포를 분리해 배양했는데, 아직 완벽하지는 않았지만 희망적인 결과를 볼 수 있었죠. 제 실험실은 오가노이드만 집중적으로 연구하는 곳이 아니라서 빠른 시일 안에 성과를 내기는 어려울 것으로 예상합니다. 하지만 제가 연구를 계속하는 사이 다른 곳에서 좋은 결과들을 낼 것이고, 저는 또 그것을 새롭게 적용하면서 꾸준히 연구하려고 합니다. 제가 개인적으로 관심을 갖고 있는 분야이기도 하지만, 유전자 편집과 오가노이드의 융합이 생명공학의 다음 세대를 이끌어갈 것이라는 확신이 있기 때문입니다.

2부_세상을 바꿀 동물학자의 연구실

우유를 사랑한 동물학자

저는 생필품이나 식료품 물가는 잘 모르는 편인데, 우유와 육류의 가격에는 민감합니다. 우리나라의 가격 변동뿐만 아니라, 해외 동향에도 관심이 많죠. 육류의 가격은 수급 상황에 따라 변동 폭이 큰 반면, 우유는 국가에서 책정한 원유 가격이 있기 때문에 늘 비슷한 수준으로 유지됩니다. 세계적으로도 국가가 우유의 가격을 통제하는 경우가 많으며, 낙농업이 발달한 나라일수록 우유를 비롯한 유제품의 가격이 저렴한 편이죠.

 제가 외국에 가면 꼭 하는 일 중 하나가 마트를 둘러보며 우유와 육류의 가격을 우리나라와 비교해보는 것입니다. 그리고 또 하나는 다양한 종류의 유제품 중 몇 가지를 사서 지내는 동안 맛보는 것이죠. 영어가 아닌 언어를 쓰는 나라에서는 고르는 것도 신중해야 하는데, 잘못 고르면 맹탕인 우유를 마셔야 하거든요. 요거트 대신 크림을 집어오는 일도 종종 있었죠. 우리나라에도 얼마 전 저지 품종 소의 우유가 출시되는 등(이전까지는 홀스타인 품종의 우유만 있었습니다) 다변화 움직임이 있지만, 그전까지는 무지방과 저지방 우유 정도가 전부였으니, 외국의 거대한 우유 진열대 앞에서 제가 얼마나 신이 났겠습니까.

물론 제가 유별나게 우유를 좋아하긴 하지만, 우유만큼 대중적으로 사랑받아온 '완전식품'이 또 있을까요? 우리나라 어느 집 냉장고에도 우유 한 팩쯤은 꼭 있을 겁니다. 특히 성장기 아이들이 있는 집에는 필수적으로 우유가 갖춰져 있죠. 저도 항상 냉장고에 우유를 채워놓고 아이들이 자주 먹도록 습관을 들이고 있습니다.

우유를 완전식품으로 여기는 이유는 바로 중요한 단백질 공급원이면서 동시에 다른 영양소들도 적절하게 들어 있기 때문입니다. 그래서 자라나는 아이들 급식이나 나라를 지키는 군인들 배식에 우유를 공급하는 거죠. 하지만 우유가 항상 모든 사

2부_세상을 바꿀 동물학자의 연구실

람에게 좋기만 한 건 아닙니다. 어떤 사람들은 우유를 먹으면 속이 더부룩하고 소화가 잘 안 되는데, 심한 경우 설사를 하기도 하죠. 제가 아는 어떤 분은 아침 식사로 시리얼에 우유를 부어서 먹곤 했는데, 나이 들면서 소화가 안 돼 우유를 두유로 대체했다고 합니다. 그런데 우유 고유의 맛과는 달라 예전만큼 시리얼을 즐기지 않는다고 하더군요.

이렇게 소화 장애를 일으키는 원인은 우유 속의 '유당'이라는 성분입니다. 유당은 많은 포유동물의 젖에서 발현되는 단백질인데요. 소의 젖인 우유에는 카세인이라는 단백질이 가장 많고, 그다음이 유당 성분입니다. 그런데 사람의 젖에는 유당이 없습니다. 그래서 사람마다 유당을 분해하는 능력이 다른데, 어떤 사람은 유당 분해 효소가 아예 없다고 합니다. 이렇게 유당 분해 효소의 활성도가 떨어져서 유당을 소화시키지 못하는 질환을 '유당불내증'이라고 하죠. 그리고 드물지만 우유 단백질에 알레르기 반응을 보이는 사람도 있습니다. 제 아이도 아기 때 일시적으로 우유에 대한 알레르기 반응을 보여서 한동안 유당이 제거된 우유를 먹였죠. 유당불내증은 나이가 들면서 생기기도 하고 반대로 없어지기도 합니다.

유당불내증이 있는 사람들은 우유 대신 두유로 대체하거나 유당이 제거된 우유를 마십니다. 외국에서는 '락토프리 우유'라고 하고, 우리나라에서는 '소화 잘 되는 우유'라는 식의 이름이 붙은 것들이 바로 유당 제거 우유입니다. 유당 분해 효소로 유당을 분해하거나 필터로 유당을 걸러내는 방식인데, 과학자의 입장에서는 '처음부터 젖소의 우유에 유당이 없으면 되지 않을까?' 하는 생각을 하게 됩니다. 유당 생성을 억제해서 유당의 양이 현저하게 낮거나 아예 없는 우유가 나오도록 하면, 좀 더 쉽게 좀 더 많은 양의 유당 없는 우유를 생산해 유당불내증이 있는 사람들에게 제공할 수 있지 않을까요?

실제로 2012년 뉴질랜드 연구 그룹이 유당 생성을 억제하는 방법을 고안해, 실험실 수준의 테스트를 마치고 실험동물인 마우스에 적용해서 유당 생성이 억제되는 것을 확인했다고 합니다. 그리고 젖소에서도 같은 방법으로 유당 생성이 억제된 소의 세포를 만들고, 그 세포를 이용해서 태어난 복제 소의 우유를 검사해보니 실제로 유당이 거의 생성되지 않았다고 합니다. 이 연구 결과를 보고 그 우유가 상업적으로 생산 및 판매되었는지 궁금해서 확인해보니, 시판이 되지 않았더군요. 유당불내증이 있는 사람들에게는 무엇보다 좋은 소식일 텐데, 왜 시판까지 가지 못했을까요?

정확한 이유를 알 수는 없지만, 아마도 엄격한 유전자 변형 식품 규제 때문으로 짐작됩니다. 유당을 생성하지 못하는 소를 만들 때 외부의 유전자를 도입했기 때문에, 그렇게 태어난 소 또한 '유전자 변형 동물'로 분류되는 거죠. 현재 유전자 변형 동물(식물)의 기준은 기존의 생물체가 가지고 있는 유전자 외에 외부의 유전자를 도입했느냐 하는 겁니다. 만약 외부에서 들어온 유전자를 가지고 있으면, 그 동물(식물)은 각 국가에서 정한 엄격한 규정을 따라야 하죠.

❋

이렇게 유당 생성이 억제된 소처럼, 사람의 필요에 따른 맞춤형 동물이 태어나도록 한 사례가 적잖이 있습니다. 실제로 그 기능까지 확인한 경우도 있죠. 예를 들자면, 우유 단백질의 주성분인 카세인의 비율이 다른 우유를 생산하는 소를 개발한 사례가 있습니다. 우유의 카세인 단백질은 네 가지 이상의 종류가 있는데, 그 성분에 따라서 우유의 색깔이나 치즈의 맛이 달라집니다. 그래서 특정 카세인 성분이 많은 우유에 대한 필요가 생긴 거죠. 2003년 특정 카세인 성분이 많아지게 할 수 있는 외부 유전자를 도입해서 실제로 그런 우유를 생산할 수 있는 소가 태어나도록 했는데요. 그 소의 우유를 분석해보니, 정말 카세인 성분이 바뀌었고 우유의 색도 달라졌다고 합니다.

또 다른 예로 지방산 성분이 달라지도록 만든 소와 돼지가 있죠. 영양학자들은 항상 오메가6의 비율이 높은 붉은색 육류 대신 오메가3가 많은 생선을 섭취해야 한다고 강조하는데요.

그렇다면 육류에는 오메가6만 있고 오메가3는 없는 걸까요? 그렇지 않습니다. 단지 오메가6의 비율이 높을 뿐이죠. 그렇다면 이 비율을 낮춘 육류를 만들면 어떨까요? 생선보다는 육류를 좋아하는 사람이 굳이 생선을 챙겨먹지 않고도 오메가3를 충분히 섭취할 수 있지 않을까요?

이런 가설에서 출발해 미국의 과학자들이 돼지에 특별한 유전자를 집어넣어 오메가6의 비율을 낮추고 오메가3의 비율을 높이는 연구를 진행했습니다. 그 결과 실제로 오메가6 비율이 낮아진 돼지가 태어났고, 고기에서도 그 비율이 바뀐 것을 확인했죠. (이 연구 결과가 발표된 2006년 당시 미국의 연구자들은 이렇게 건강에 좋은 돼지고기를 사람들이 먹을 수 있어야 한다고 주장했지만, 유전자 변형 생물체 규제에 의해 아직 시판되지 못하고 있습니다.) 그리고 같은 방법을 소에 적용했더니 우유에서도 오메가3 비율이 높아졌다고 합니다. (물론 이 우유도 시판되지는 못했죠.)

더 독특한 생각을 한 일본 과학자도 있었습니다. 식물 성분이 돼지고기에 들어 있다면 어떨까요? 좀 더 건강한 돼지고기가 되지 않을까요? 2004년 시금치의 특정 유전자를 돼지의 수정된 배아에 미세 주입한 다음 돼지가 태어나도록 한 연구가 있었습니다. 실제 태어난 돼지의 지방을 분석해보니 시금치에서 유래된 유전자로 인해 지방산의 성분 비율이 달라졌다고 합니다. 과연 고기의 맛도 달라졌을까요? 시판되었다면 먹어

볼 수 있었을 텐데 아쉽습니다.

⚛

여러 가지 맞춤형 우유나 고기가 연구 개발된 지는 20년이 넘었지만, 유전자 변형 생물체 규제 때문에 일반 소비자에게는 판매는 물론 제대로 알려지지도 못했습니다. 그런데 현재 소비자에게 판매해도 문제가 없다고 승인된 유전자 변형 동물이 두 가지 있습니다.

처음 승인된 동물은 포유동물이 아니고, 어류입니다. 바로 '빨리 성장하는 연어'죠. 약 20년 전에 미국의 생명공학 회사 아쿠아바운티는 기존 연어보다 두 배 이상 크게 자라는 연어를 개발했습니다. 연어에 빨리 자랄 수 있는 성장 유전자를 집어넣은 거죠. 이 연어에 대해서는 이후 안전성과 생태계에 미치는 영향을 분석했는데요. 2015년 미국 FDA에서 소비자에게 판매해도 된다고 최종적으로 허가해 현재 북아메리카에서 시판되고 있습니다.

다른 동물들과 달리 연어가 시판될 수 있었던 이유 중 하나는, 빨리 성장하는 연어를 개발할 때 같은 연어의 유전자를 이용했다는 점입니다. 앞서 살펴본 돼지나 소의 경우 완전히 다른 종의 유전자를 이식했기 때문에, 이에 대한 안전성 검토가 매우 까다로웠죠. 하지만 연어는 여러 품종이 있는데, 성장이 빠르고 큰 연어는 품질이 낮고, 품질이 좋은 연어는 크기가 작다는 단점이 있었다고 합니다. 그래서 성장이 빠른 연어의 유전자를 뽑아서 작은 연어의 유전자에 집어넣는 방법으로 품질도 좋고 크게 성장하는 연어가 태어나도록 만든 것이죠.

승인된 다른 하나는 포유동물인 돼지로, 2020년 12월 미국 FDA의 승인을 받았습니다. 앞서 여러 유전자 도입 소와 돼지에서 성공적인 결과가 있었는데도 식품으로 승인을 받지 못했는데, 이 특수한 돼지에 한해 승인이 떨어진 거죠. 과연 무엇이 그 예외를 만든 걸까요? 이 돼지는 이종 장기 이식을 위해 개발된 돼지로, 초급성 면역 거부 반응을 일으키는 항원으로 알려져 있는 알파갈락토시다아제라는 세포 표면 단백질이 제거되었습니다. 그래서 의약품과 식품으로 허용된 것이죠.

의약품 분야는 이종 장기 이식을 위한 허가이니 많은 사람이 수긍하겠지만, 식품으로도 동시에 승인했다는 점이 조금 의아하게 생각될 수도 있을 것 같습니다. 사실 식품으로 허용을 하기는 했지만, 제한적인 허용이라는 단서가 달렸습니다. 무슨 뜻이냐 하면, 일반 정육점 같은 매장에서 판매하는 것이 아니라는 이야기입니다. 알파갈락토시다아제에 대해 알레르기가 있는 사람들은 돼지고기를 먹으면 피부에 발진이 생긴다고 하는데요. 이런 사람들에게만 식품으로 판매하는 걸 허용한다는 것이죠.

 연어는 완전히 허용한 반면 돼지는 조건부 승인을 한 이유를 과학적으로 풀어보면 이렇습니다. 외부(다른 종)의 유전자를 도입해 기능을 향상시키는 것에 대해서는 까다롭게 규제하지만, 내부(같은 종)의 유전자를 없애는 것은 그래도 조금 덜 까다롭게 다루겠다는 미국 FDA의 성향이 나타난 것으로 판단됩니다. 그러니 앞으로 많은 과학자가 내부 유전자를 제거하는 방향으로 연구를 진행하지 않을까요?

 이렇게 생명과학 기술을 활용한 식품들 중 소비자들에게까지 판매된 사례는 단 두 건밖에 없지만, 의약품에서는 놀라운 진전이 있었습니다. 바로 염소의 젖에서 사람의 단백질이 나오도록 해서 의약품으로 판매하게 된 것이죠. 사람의 항응고제 유전자를 가진 염소를 태어나도록 해서 그 젖을 분석해보니, 의도한 대로 사람의 항응고제 성분이 발현되어 있었습니다. 이 항응고제를 젖에서 분리해 효능을 실험한 결과, 실제 사람에게 사용되는 치료제와 같은 효능을 보여주어 약으로 승인, 판매되고 있죠. 비슷한 방법으로 사람의 유전성 혈관 부종 치료제가 토끼의 젖에서 나오도록 만들었는데, 이후 임상실험을 거쳐서 2014년 약으로 승인되어 판매되고 있습니다.

 우리의 식생활에서 우유만큼 중요한 단백질 공급원인 계란을 이용해 약을 개발한 사례도 있습니다. 사람의 선천성 질병

(리포솜산 리파아제 결핍증) 치료제 유전자를 닭에게 주입한 다음, 그 닭이 낳은 알을 부화해 닭으로 키워서 다시 알을 낳게 해 분석해보니, 치료제가 발현되어 있었죠. 그 약을 분리해 치료제로 개발한 제약회사가 2015년 FDA의 허가를 받아 현재 시판하고 있습니다. 리포솜산 리파아제 결핍증은 희귀 만성 진행성 유전질환입니다. 이 질병은 리포솜산 리파아제 효소의 결핍으로 인해 지방이 몸 전체의 여러 장기와 조직에 축적되어 심혈관계 질병을 일으킬 확률이 매우 높은 것으로 알려져 있습니다.

※

과학자들은 오랫동안 동물의 특성 가운데 우리가 원하는 특정 부분을 취하기 위해 연구해왔는데요. 초기에는 주로 외부의 유전자를 집어넣어서 그런 특성이 발현된 동물이 태어나도록 했죠. 그 방법이 상대적으로 쉬웠으니까요. 하지만 20여 년 전에 만들어진 유전자 변형 생물체 규정에 가로막혀 대부분 실질적인 성과, 즉 시판에는 이르지 못했습니다. 그래서 최근에는 내부에 있는 유전자를 아무런 흔적 없이 조절할 수 있는 유전자 편집 기술을 개발해 적용하고 있죠. (앞에서 언급한 돼지는 유전자 편집 기술이 개발되기 전에 유사하게 내부 유전자를 없애는 방법으로 만들어진

2부_세상을 바꿀 동물학자의 연구실

형태입니다. 당시에는 아무런 흔적도 남기지 않을 수는 없어서 약간의 흔적이 남았지만, 지금은 그런 흔적도 없이 제거할 수 있는 수준이 되어가고 있습니다.) 이런 동물들을 현재의 법으로 어떻게 해석하게 될지 기대 반, 우려 반의 시선으로 지켜보고 있는 상황입니다.

과학기술 선진국으로서 우리나라는 생명과학 분야에서도 놀라운 연구 결과들을 내왔지만, 유전자 변형 생물체에 대한 부정적인 시선으로 인해 산업화가 승인된 사례가 거의 없습니다. 그런데 같은 기술을 이용해 만들어진 항체 치료제, 바이러스 치료제, 유전자 변형 세포 치료제 등 다양한 단백질 의약품에 대해서는 거부감 없이 받아들이고 있죠. 최근에는 외부 유전자를 도입하지 않고도 우리가 원하는 특성을 가진 동물과 식물들을 생산할 수 있게 되었고, 이에 따라 많은 국가가 관련 제도를 다시 정비했습니다. 가까운 일본에서는 이미 제도를 완비했고, 2021년 가장 먼저 제품(토마토 및 참돔)을 출시했습니다. 우리도 이런 부분에 대해서는 하루빨리 새로운 규정을 만들고 인식의 폭을 넓혀야 할 것 같습니다.

과학기술이 한 단계 도약할 때는 늘 새로운 문제가 불거지는 것 같습니다. 지금껏 생각해본 적도 없었던 일들이 새로운 선택지로 등장하면서 윤리의 허점을 파고들기 때문에, 우리는 늘 한 발짝 늦게서야 당혹스러운 상황을 맞이하게 되는 것이죠. 예측하지 못했던 기술의 발전은 늘 조심스럽습니다. 그러나 언젠가는 우리에게 필요한 기술이 될 것이고, 지금은 아니더라도 이 기술을 기반으로 또 다른 놀라운 과학적 지평이 열릴 수도 있습니다. 비난보다는 건전한 논쟁과 신속한 사회적 합의가 새로운 기술을 맞이하는 우리에게 필요해 보입니다.

고기는 먹지만,
동물은 먹지 않는

예전에 중국에서 가짜 계란까지 만들어 판매한다는 뉴스 때문에 많은 사람이 깜짝 놀랐는데요. 사진으로만 보면 정말 진짜 계란프라이와 똑같아서 두 눈 똑바로 뜨고도 속아넘어갈 것 같더라고요. 직접 먹어보지 못해서 맛은 어떤지 모르겠지만요. 사실 소위 '짝퉁'이라고 부르는 모조품은 가격이 너무 비싸서 구입하기 어려운 명품에만 생기는 건 줄 알았습니다. (요즘은 모조품에도 여러 등급이 있어서, 진짜로 진짜 같은 것은 전문가들도 진품과 구별하기가 몹시 어렵고 가격도 꽤 비싸다고 하더군요.) 그런데 이제 계란처럼 서민적인 식품에도 진짜 같은 모조품이 생길 만큼 '기술'

이 발전했으니, 웃어야 할지 울어야 할지 참 난감합니다.

그렇다면 우리 일상생활에서 가장 흔한 모조 식품은 무엇일까요? 제가 생각하기에는 아마도 콩고기가 아닐까 싶은데요. 콩은 식물성 단백질의 주 공급원으로, 인류는 역사적으로 오랫동안 콩 단백질을 섭취하는 방법으로 '두부'라는 식품을 만들어 먹어왔습니다. 콩을 갈아서 얻어진 단백질을 잘 엉겨붙게 해서 만드는 두부는 몸에 좋은 건강 음식이자 다이어트 식품으로 인기를 누려왔죠.

그런데 최근 콩 단백질을 섭취하는 또 다른 방법이 인기를 끌고 있습니다. 바로 패티를 육류 대신 콩으로 만든 채식주의자용 햄버거입니다. 15년쯤 전 미국에서 열린 학회에 참석했다가 근처 식당 메뉴에서 처음 '콩고기 햄버거'를 보고 뭔가 싶어서 주문해 먹어봤는데, 맛과 식감이 고기와 유사하긴 하지만 제 입맛에는 확실히 차이가 느껴지더군요. 귀국 후 우리나라에도 콩고기 햄버거를 파는 식당이 있는지 눈여겨봤지만, 그때만해도 아직 채식주의자가 많지 않아 메뉴를 개발하지 않은 건지 쉽게 찾을 수가 없었죠.

얼마 지나지 않아 우리나라에서도 채식이 건강에 좋다는 인식이 널리 퍼지고, 또 동물의 무분별한 희생을 막아보자는 생각이 확산되면서 많은 변화가 있었습니다. 제가 일하는 학교안에도 10년쯤 전 채식 뷔페 식당이 문을 열었죠. 저는 기본적으로 육류를 좋아하는데요. 그래서 영양 균형을 생각해 채식 뷔페를 일부러 찾아가곤 합니다. 그래도 식성은 어쩌지 못해서 채소 반찬보다는 콩고기를 이용한 요리를 찾게 되더군요. 사실 처음에는 콩고기가 육류와 너무 다르고 맛도 별로 없었는데, 요즘에는 식감이 육류와 거의 비슷해진 것 같습니다.

콩 단백질로 만드는 고기의 한계는 씹는 맛과 육즙의 차이라고 보면 되는데요. 씹는 맛의 한계는 단백질을 분리하고 뭉치는 기술의 발달로 많이 극복되었지만, 육즙의 한계는 아직 넘어서기가 어렵다고 합니다. 최근 단백질 사이에 육즙과 비슷한 느낌을 내기 위해 다양한 시도가 이루어지고 있으니, 앞으로 더욱 많은 사람이 콩고기를 통해 채식의 이로움과 육류의 맛을 함께 즐길 수 있겠지요.

맛만 따진다면 이건 어떨까요? 콩 단백질로 고기를 만드는 것보다 동물 유래 단백질로 고기를 만들면 진짜 고기와 더 비슷하지 않을까요? 그런데 동물 유래 단백질을 얻으려면 역시 고기를 갈아야 합니다. 그럼 결국 쓸데없는 과정을 한 번 더 거치는 것밖에 안 되겠죠. 고기를 그냥 먹으면 되는데 굳이 단백질을 추출해서 새롭게 고기를 만들 필요는 전혀 없으니까요. 결국 경제적인 측면에서도 도움이 되지 않을 뿐만 아니라 오히려 손해가 되고, 동물이 희생되어야 한다는 점에서도 전혀 차이가 없죠.

그런데 말입니다. 동물을 희생시키지 않으면서 동물 단백질을 만들 수 있다면요? 경제적으로나 맛으로나 최상의 대안이 되지 않을까요? 바로 세포 배양 기술이 이 일을 가능하게 해줍니다. 여러 세포 중에서도 근육 줄기세포의 배양을 통해 근육 세포를 대량으로 만들어내는 것이죠.

'줄기세포'라고 하면 보통 유전병 또는 불치병 치료제 정도로 생각하는데요. 줄기세포에 특정 신호와 환경을 주면 치료용 세포로 바뀌어서, 질병 치료에 응용할 수 있기 때문입니다. 하지만 줄기세포는 다양한 세포로 변할 수 있는 능력 때문에 다방면에서 활용이 가능합니다. 그중 우리 생활에 가장 밀접하게 활용되는 사례는 줄기세포 유래 화장품입니다. 일반적으로 줄기세포에서는 다양한 세포 성장인자들이 분비되는 것으로 알려져 있습니다. 최근에 밝혀진 성장인자로 GDF11이 있는데, 이 성장인자는 노화를 억제하는 데 중요한 역할을 한다고 합니다. 이처럼 다양한 세포 성장인자가 분비되는 줄기세포를 배양해서 추출한 소재를 세포의 노화를 늦추는 목적으로 화장품에 첨가하는 것이죠.

그리고 이보다 더 기술이 확장되면서 가능해진 것이 근육 줄기세포의 배양입니다. 근육 줄기세포를 대량으로 배양하면 근섬유가 되고, 이들 근섬유를 대량으로 쌓으면 '배양 고기cultured meat'라고 부를 수 있죠. 이제는 학계에서 연구하는 단계를 지나 많은 기업이 투자해서 맹렬히 개발 중인 만큼 기술은 충분히 가능한 상황이지만, 중요한 것은 디테일이랄까요. 상용화를 앞두고 해결해야 할 난제가 몇 가지 남아 있습니다.

배양 고기를 상용화하는 데 있어서 첫 번째로 해결해야 하는 문제는 바로 비용입니다. 현재 세포 배양 기술은 세포를 배양액에 넣어두는 것으로 시작합니다. 세포가 배양액에 있는 영양물질을 먹고 분열해서 수천억 개로 증식하는 거죠. 배양액은 물, 단백질, 탄수화물, 지방산, 세포 성장인자 및 혈청으로 구성됩니다. 대부분의 배양액 성분은 가격이 저렴한 편이라서 1리터에 1만 원 정도면 구입할 수 있죠. 하지만 세포 성장인자와 혈청은 매우 비쌉니다. 혈청은 현재 500밀리리터를 구입하려면 싼 것이 30만 원 정도 합니다. 비싼 것은 100만 원도 넘고요. 세포 성장인자도 1밀리그램에 싼 것이 10만 원 정도고, 50만 원을 상회하는 것도 있습니다.

현재의 배양 기술에서는 혈청과 세포 성장인자가 반드시 필요하기 때문에, 근육 줄기세포를 배양해서 손톱만 한 크기의 세포로 만들려면 인건비 및 기타 장비 비용까지 수천만 원이 소요되죠. 하지만 최근 성장인자와 혈청을 대체하는 연구들이 활발하게 진행되면서, 일부에서는 이들 없이도 세포 배양이 가능하다는 것이 증명되기도 했습니다. 따라서 몇 년 안에 세포 배양 비용이 큰 폭으로 감소할 것으로 기대하고 있습니다.

두 번째 문제는 세포의 분화 조건에 대한 연구가 아직 부족하다는 겁니다. 현재 근육 줄기세포를 대량으로 배양하는 연구가 활발하게 이루어지고 있지만, 이들이 배양된 후에는 다시 근육세포로 분화시켜서 실제 근육세포와 비슷하게 발달되어야 합니다. 그런데 이 문제는 아마도 상대적으로 빠른 시간 안에 해결될 것으로 보입니다. 지금 줄기세포 연구는 뜨거운 관심을 받는 분야라서, 근육세포를 비롯한 다양한 조직의 줄기세포 배양과 분화를 집중적으로 연구하고 있는 과학자들이 많기 때문입니다.

세 번째는 기호과 식감의 문제인데요. 이 부분은 감각적인 영역이라고 생각하기 쉽지만, 사실 과학적인 영역이 더 크다고 할 수 있습니다. 우리가 먹는 고기라는 것을 자세히 들여다보면 근육세포들이 단단하게 결합되어 있고, 그 사이에 혈관, 지방, 인대 등 여러 조직이 자리 잡고 있습니다. 우리는 이런 복잡한 구조를 어릴 때부터 씹으면서 기억하고 있죠. 그래서 제가 처음 콩고기를 먹었을 때 뭔가 이상하다는 느낌을 받은 겁니다. 사실 근육세포만으로 만든 배양 고기는 이런 복합성을 구현하기가 현재로서는 매우 어려운데요. 이런 문제를 해결하기 위해, 최근 3D프린터를 이용해 배양된 근육세포를 한 층한 층 쌓은 다음 그 사이사이에 지방세포와 액체 등을 채워서, 실제 고기와 유사한 느낌을 내려는 시도가 이루어지고 있습니다. 아직은 갈 길이 멀지만요.

최근 빌 게이츠는 지구의 기후재앙에 대해 경고하며, 많은 메탄가스를 배출하는 분야 중 하나로 소 사육을 지적하면서 식물성 고기 및 배양 고기에 대해 관심을 보였습니다. 특히 2017년 배양 고기를 만드는 회사에 170억 달러라는 어마어마한 금액을 투자해서 더욱 화제가 되었죠.

푸드테크 회사에서 개발된 '비욘드 미트'라는 식물성 단백질로 만든 햄버거 패티 고기가 최근 우리나라에서도 판매되기 시작했고, 이런 변화와 관련해 정부와 민간 모두에서 연구 개발 속도가 빨라지고 있습니다. 2021년에는 동물 세포 배양을 통한 배양 고기 시제품이 나오는 수준까지 기술력이 향상되었다는 평가를 받고 있죠. 과학자들의 전유물로 인식되었던 세포 배양 기술이, 이제 식품 관련 회사들이 사업을 확장하기 위해 앞다퉈 공부하는 '핫한' 분야가 된 겁니다. 농림축산식품부에서도 배양 고기를 만들기 위한 프로젝트를 발주하고, 관련 분야 육성 지원에 힘을 보태고 있죠. 국내에서만 관련 스타트업 회사가 (제가 알기로) 다섯 개 이상 설립된 것으로 파악되고, 정부에서도 이와 관련한 제도를 만들기 위해 움직이고 있습니다.

이처럼 빠르게 변화하는 시대에 맞춰 우리가 최우선적으로 준비해야 할 것은 바로 세포 배양을 통해 만들어진 식품에 대한 안전관리 기준입니다. 배양 시설을 인허가하는 기준을 의생명과학 수준으로 할지, 아니면 단순 세포 배양 수준으로 할지, 이들 식품에 대해 어떤 법을 적용할지, 외부의 미생물 노출을 어떻게 위생적으로 관리할지 등을 세밀한 고려 아래 신속하게 결정해야 합니다. 관리를 하는 국가기관도 적극적으로 해외의 사례를 공부하고 국내 전문가들과 협의해서 머지않아 다가올 미래에 철저하게 대비해야겠죠. 일반 대중들도 관심을 갖고 적극적으로 의견을 개진해서, 배양 고기 산업이 미래의 지구환경과 사람을 비롯한 모든 생명체에게 유익한 대안이 되기를 바라봅니다.

돼지의 장기를 가진 사람

2000년 제가 있던 대학원 연구실은 동물 복제 연구에 집중하고 있었습니다. 저는 주로 소의 체외수정과 복제 배아를 만드는 연구를 하고 있었죠. 그런데 같은 연구실의 다른 팀이 돼지 복제 프로젝트를 시작했습니다. 처음에는 돼지를 복제한다니 좀 의아했죠. 학부 시절에 돼지라면 산업동물로서 전염성 질병을 막기 위해 치료제나 백신을 연구하는 게 중요하다고 배웠으니까요. 그런데 제가 몰랐던 큰 그림이 있더군요.

　당시 저는 소를 연구하고 있었으니 직접적인 관련은 없지만, 같은 연구실이라 이래저래 보조 역할을 하게 되었습니다. 그러면서 돼지의 생식세포에 독특한 점이 있다는 것을 알게 되었죠. 우선 도축장에서 가지고 온 난소의 형태가 마치 포도송이 같았습니다. 그리고 성숙 난포에서 난포액을 채취해 현미경으로 관찰해보니, 난자가 까만 점으로 보이는 것이 무척 신기했습니다. 돼지는 다산의 상징으로 알려져 있는데요. 한 번에 보통 10~12마리의 새끼를 낳죠. 그래서인지 하나의 난소에 많은 수의 난포가 존재하고, 그 난포의 수만큼 많은 난자를 얻을 수 있는 것입니다. 그리고 포유동물의 난자는 보통 배양기에서 24시간 정도면 수정할 수 있는 상태까지 성숙하는데, 돼지는 44시간이 걸린다는 점도 특이했죠.

체세포 복제를 하려면 난자의 기존 핵을 제거하고, 그 자리에 복제할 대상의 체세포(핵)를 집어넣습니다. 새로운 핵과 난자가 융합되도록 전기적인 충격을 준 뒤 융합된 새로운 난자가 다시 분화하도록 외부에서 인위적인 신호를 주어야 합니다. 이 신호를 받은 복제 배아는 분열을 반복해 착상할 수 있는 단계까지 자라게 됩니다. 건강하게 자란 복제 배아를 대리모의 난관에 이식하면 착상과 임신 과정을 거쳐 복제 돼지가 되는 거죠.

이것이 보편적인 포유동물의 복제 과정이고, 돼지도 다를 바가 없습니다. 다만 목표하는 바가 따로 있기 때문에 복제하는 돼지의 종류가 좀 독특합니다. 돼지는 크게 두 가지로 나눌 수 있습니다. 우리가 보통 알고 있는 것은 목장(농장) 돼지로,

이들은 성체 몸무게가 300킬로그램 이상 나가기도 하는 몸집 큰 돼지죠. 다른 하나는 미니어처 돼지인데, 이름처럼 아주 작은 것은 아니고 다 자란 성체의 몸무게가 60~80킬로그램 정도 됩니다. 사람의 몸무게와 비슷하죠? 체중이 유사하니 장기의 크기나 생리적인 면에서도 사람과 비슷한 점이 많아서, 돼지 질병이 아닌 사람 관련 연구에 활용됩니다.

미니어처 복제 돼지는 연구자의 목적에 따라 다양한 연구가 가능하지만, 사람과 몸무게가 비슷한 장점을 이용해서 이식용 장기 연구에 가장 많이 쓰입니다. 일반적으로 돼지의 장기를 사람을 비롯한 영장류에 이식하면 면역 거부 반응이 일어나기 때문에, 장기 이식 후 불과 몇 시간 안에 이식한 장기의 기능 부전으로 죽게 됩니다. 앞에서도 언급했지만, 돼지는 사람에게는 없는 특수한 세포 표면 단백질인 알파갈락토시다아제가 있는데, 이것이 영장류에 들어가면 급성 면역 거부 반응을 일으킵니다. 그래서 과학자들은 이 단백질을 제거하면 돼지의 장기를 이식할 때 발생할 수 있는 초급성 거부 반응을 최소화할 수 있을 거라고 생각했죠.

초기에는 돼지를 복제하는 것부터 시도해야 했으므로, 복제 성공률을 높이기 위한 연구가 선행되었습니다. 이 기술이 안정되어야 면역과 관련된 단백질을 제거하는 시도를 할 수 있으니까요. 2000년 첫 복제 돼지가 태어난 후 얼마 지나지 않아 2002년부터는 면역 반응이 억제된 돼지를 생산하는 연구를 전 세계에서 동시다발적으로 진행했습니다. 먼저 초급성 거부 반응을 유발하는 세포 표면 단백질을 제거하고, 그 외에도 면역 반응을 피할 수 있는 추가 유전자를 발현시켰는데, 여러 가지 유전자를 조절했다는 의미로 '다중 유전자 조절 돼지'라고 부릅니다. 우리나라도 후발주자이긴 하지만 다중 유전자 조절 돼지를 생산하는 연구에 박차를 가하고 있습니다.

2020년에는 세포 표면 단백질 제거 돼지를 일반 고기로 먹을 수 있다는 승인이 미국 FDA에서 나기도 했습니다. 세계 최초의 유전자 제거 돼지고기의 식품 승인이죠. 하지만 앞에서도 언급했듯이 모든 사람에게 판매되는 것은 아니고, 세포 표면 단백질에 대한 알레르기 반응 때문에 돼지고기를 먹지 못하는 사람들에게만 판매가 허용되고 있습니다.

다중 유전자 조절 돼지를 안정적으로 생산하고 사육할 수 있게 된 후에는 다음 단계의 연구로 넘어갑니다. 이 돼지들에게서 얻은 장기를 사람과 유사한 동물인 원숭이에게 이식하는 연구가 여러 연구팀에서 진행되었죠. 초기에는 몇 가지 유전자만 조절한 복제 돼지의 심장을 원숭이에게 이식했는데, 안타깝게도 오래 생존하지 못했습니다(3~6개월). 최근에는 다중 유전자 조절 돼지의 심장을 분리해 원숭이에게 이식해서 1년 이상 생존한 다국적 연구팀의 연구 결과가 2018년 보고되었죠. 우리나라 연구진도 돼지의 신장을 원숭이에게 이식해 2개월 이상 생존하는 결과를 얻었습니다. 향후 돼지의 심장이나 신장을 영장류에 이식해 더 오랜 기간 안정적으로 생존하는 연구 결과들이 나올 것으로 보이는데요. 이들에 대한 안전성이 제고되면 사람에게 적용하는 날도 머지않아 열릴 것으로 기대됩니다.

사실 심장과 신장은 구조가 매우 복잡한 장기로, 이식하는 데 여러 가지 어려움이 있습니다. 이에 비해 임상적으로 바로 적용할 수 있는 장기가 있는데요. 바로 각막입니다. 눈은 면역 체계가 분리돼 있어서 돼지의 각막을 이식했을 때 발생할 수 있는 면역 거부 반응이 거의 없는 것으로 알려져 있습니다. 중국을 비롯한 일부 국가에서 돼지의 각막을 원숭이에게 이식해 그 기능에 문제가 없음을 확인하기도 했죠. 우리나라 서울대학교 병원에서도 돼지의 각막을 원숭이에게 이식해 임상적으로 활용할 수 있는 수준의 결과를 얻었다는 발표가 있었습니다.

안정성 연구 결과가 나오자 2010년 중국 우한협화병원에서 최초로 사람에게 돼지의 각막을 이식했습니다. 9년이 지난 2019년, 이식을 받은 여성이 건강하게 지낸다는 뉴스가 보도되었고, 첫 수술 이후 100명 이상이 돼지의 각막을 이식받았다고 합니다. 돼지의 장기를 가지고 살아가는 사람이 진짜로 존재하는 것이죠.

또 다른 이식 후보로 연구되고 있는 장기는 췌장으로, 당뇨병 환자에게 돼지의 췌장을 이식하기 위한 연구가 진행되고 있습니다. 췌장은 매우 민감하고 부드러운 조직이기 때문에 장기를 분리해서 다른 동물에게 이식하기가 매우 어렵습니다. 그래서 췌장 전체를 이식하는 대신, 돼지의 췌장에서 인슐린을 분비하는 췌도만을 분리해 사람의 간에 이식하는 것이죠. 그런데 이식된 돼지의 췌도가 사람의 몸 안에 직접 노출되면, 사람의 면역 시스템이 이물질로 인식하고 공격해서 췌도 세포를 죽이게 됩니다.

이런 점을 극복하기 위해 돼지의 췌도를 특수한 생체 물질로 코팅하는 방법을 개발했습니다. 이 특수 물질은 세포의 생존에 필요한 영양분은 통과하지만, 세포를 죽이는 항체는 통과할 수 없죠. 즉, 이식된 돼지의 췌도가 사람의 혈액으로부터 영양분은 공급받지만, 이물질로 인식해서 죽이러 오는 항체는 막아주는 겁니다. 이런 특수 장치를 이용함으로써 실제로 돼지의 췌도가 원숭이의 간에서 오랫동안 그 기능을 하는 것이 확인되었습니다. 2020년에는 우리나라에서도 돼지의 췌도를 사람에게 이식하겠다는 임상실험계획서가 식품의약품안전처에 제출되었다고 합니다.

오랜 기간을 거쳐 연구 개발된 다중 유전자 조절 돼지의 장기를 원숭이에게 이식해 임상실험하고, 사람에게도 적용해 임상실험을 거쳐 직접 이식까지 하는 등 많은 발전이 있었습니다. 현재는 각막이 우선적으로 이식 적용되고 있지만, 10~20년 안에 심장과 췌도 등도 사람에게 적용할 날이 올 것으로 예상하고 있습니다.

이 책의 후반부 집필 작업을 하고 있던 2022년 1월, 미국에서 다중 유전자 돼지의 심장을 실제 환자에게 이식했다는 결과가 발표되었습니다. '세계 최초 돼지 심장 이식 수술'은 성공적이었습니다. 언론에 보도도 될 만큼 세계적인 주목을 받았지요. 그런데 2개월 만에 알 수 없는 원인으로 인해 환자가 사망했다고 합니다. 수술 후 2개월간 심장 기능은 정상적으로 유지되었다고 하고요. 두 번째 수술도 2023년 9월에 이루어졌습니다. 아쉽지만 이번에도 2개월을 넘기진 못하고 환자가 사망했습니다. 기대했던 것보다는 오랜 기간 환자가 생존하지 못했다고 평가할 수 있지만, 앞으로 이런 수술 사례가 많아질 것이고, 이를 통한 생존율을 높이는 연구가 진행되면, 생각보다 빠른 시간 내 돼지의 장기가 사람에게 이식되는 시대가 올 것으로 생각합니다.

그리고 돼지의 장기를 사람에게 이식하는 것 외에 또 다른 흥미로운 연구가 진행되고 있습니다. 돼지의 장기를 제거한 자리에 사람의 장기가 자라도록 하는 것인데요. 무슨 공상과학영화 같은 이야기냐고요? 허무맹랑하게 들리겠지만, 이론적으로는 충분히 가능합니다.

유전자를 연구하던 과학자들은 특정 유전자의 기능이 망가지면 특정한 장기들이 발달하지 못한다는 사실을 알게 되었습니다. 예를 들어, 돼지에서 췌도로 발달되는 유전자의 기능을 망가뜨리면, 그 돼지는 태어나기는 해도 췌도가 발생하지 않아 오래 살지 못하게 되겠죠. 그런데 췌도로 발달되는 유전자의 기능을 망가뜨린 배아(A)에 외부의 '배아 줄기세포(B)'를 이식하면 어떻게 될까요? 배아 줄기세포(B)는 모든 세포로 자라는 능력이 있기 때문에 온몸으로 퍼져 여러 장기의 세포로 분화할 것입니다. 그런데 그 배아(A)는 췌장을 만들 수 없기 때문에, 이식된 배아 줄기세포(B)가 다른 장기 발달에도 참여하지만, 특히 췌장세포로 집중 분화됩니다. 그래서 췌장은 돼지(A)의 것이 아닌 외부에서 들어온 배아 줄기세포(B)의 장기로 발달하게 되죠.

실제로 마우스와 랫을 이용해 실험한 결과, 췌장이 없는 마

2부_세상을 바꿀 동물학자의 연구실

우스에서 랫의 배아 줄기세포가 췌장으로 발달되어, 마우스가 랫의 췌장을 가지고 태어나 성장했습니다. 마우스와 랫의 실험이 성공한 이후, 췌장이 없는 돼지 배아에 사람의 배아 줄기세포를 주입해서 돼지의 몸에서 사람의 췌장을 발달시키는 실험이 진행되었죠. 하지만 돼지의 여러 장기에 사람의 세포가 섞이도록 하는 이 실험은 윤리적으로 큰 논란거리가 되어 많은 국가에서 관련 실험을 금지했습니다. 그러나 미국과 일본에서는 허가해 현재 연구가 진행되고 있죠.

최근 발표된 연구 결과를 보면, 돼지의 배아에 사람의 배아 줄기세포가 성공적으로 이식되었다고 합니다. 이렇게 다른 두 개체의 세포들이 섞여 있는 상태를 '키메라chimera'라고 하는데요. 이 사람-돼지 키메라 배아를 대리모 돼지에 이식해서 임신 초기에 태아를 회수해 분석했더니, 사람의 세포가 자라고 있긴 했는데, 그 수준이 극히 미약해서 임상적으로 활용할 단계에는 도달하지 못했다고 합니다. 앞으로 넘어야 할 산이 많은 거죠. 기술적인 난관과 함께 윤리적인 부분에서도 더 많은 논의와 세밀한 규정이 필요해 보입니다.

예전에는 사람을 위한 동물 연구가 마우스나 랫 등의 소형 동물에서 그쳤는데, 이제는 목장의 중대형 동물에게도 적용되어가고 있습니다. 동물의 질병을 관리하기 위해 동물을 연구하는 것이 아니라, 사람을 위해 동물을 연구하는 일이 돼지에서도 시작된 것입니다. 불과 20여 년 전에 시작된 복제 돼지 연구가 다중 유전자 조절 돼지의 개발로 이어져, 벌써 사람에게 장기 이식을 임상 적용하는 수준까지 빠르게 발전하고 있습니다. 유전자 연구가 시작되면서 생명과학이 받은 수혜 중 하나가 바로, 많은 연구를 사람과 동물의 경계를 가로질러 적용할 수 있게 되었다는 점입니다.

예전에 장기 이식을 받은 아이의 부모가 쓴 글을 보았는데요. 대기 명단에 한참을 머무르다가 드디어 대상자가 되었다고 연락을 받아 급하게 수술에 들어간 날, '이제는 우리 아이가 살겠구나' 하는 환희와 안도 직후에 '오늘 어떤 아이가 죽었구나' 하는 생각이 들었다고 합니다. 죽음을 눈앞에 두고 무기력하게 다른 누군가의 죽음을 기다려야만 하는 장기 이식의 지독한 숙명이 이제 다른 방법을 찾아 전환점을 맞을 수 있는 날이 과연 올까요?

9

유전병에서 자유로운 아이들

저는 두 아이의 아빠입니다. 수의사로서 숱한 생명의 탄생을 도우며 곁에서 봐왔지만, 막상 내 아이에 대해서는 이성을 지배하는 감정적 변화를 겪게 되더군요. 아내가 첫아이를 가졌을 때는 산부인과에 항상 동행해 의사 선생님의 설명을 한 마디라도 놓칠세라 귀담아들었죠. 특별히 걱정해야 하는 경우가 아니라는데도 병원에서 제안하는 검사란 검사는 거의 다 받았습니다. 임신 중에 할 수 있는 검사는 다양한데, 그중 유전병 검사는 많은 부모가 선택하는 항목입니다. 유전병이라는 단어의 무게감에 저도 결과가 나올 때까지 불안을 떨칠 수가 없었죠.

아이가 건강하게 태어나도 끝이 아닙니다. 그때부터 또 다른 염려가 시작되지요. 주기적으로 소아과를 방문해 예방접종을 받고, 잘 성장하고 있는지 확인해갑니다. 그런데 어느 날 아이의 가슴에 청진기를 대보신 의사 선생님의 한 말씀에 가슴이 철렁 내려앉았습니다.

"심장에서 잡음이 들리네요. 미약하긴 하지만 혹시 모르니 큰 병원에 가서 검사를 받아보세요."

임신 중 검사에서 확인되지 않은 어떤 선천성 질병이 있는 걸까? 직업상 질병에 대해 이것저것 아는 게 많은 저로서는 자연스럽게 심장 관련 선천성 질병 여러 가지를 머릿속에 떠올렸습니다. 서둘러 서울대학교 병원 소아과에 예약하고서는, 진료일을 기다리는 동안 청진기로 아이의 심장 소리를 들어보며 유난을 떨기도 했죠. 그때까지 사람 아기의 심장 소리를 들어본 경험이 없으니 아무런 변별 능력이 없는 상황이었는데도요.

검사 날이 되어 병원을 방문하니, 국내 최대 규모의 어린이 병동이라 그런지 심장 초음파검사 하나에도 병원 이곳저곳을 한참 걸어야 하더군요. 서울대 병원은 종종 가본 일이 있어도, 어린이 병동 안에 들어가보기는 처음이었습니다. 아이들이 바쁜 어른들 사이에서 동선을 따라 검사를 기다리는 모습이나 진료실 안에서 겁먹은 울음을 터뜨리는 소리가 동네 소아과와는 결이 달랐습니다.

아이의 심장 초음파검사 결과는 다행히 아무 이상이 없었습니다. 가슴을 쓸어내리고서 수면제에서 깨어나 배고파하는 아이를 안고 아내와 수유실을 찾아가는데, 그곳이 입원실 근처였던 겁니다. 휠체어에 앉아 장난치는 아이, 수액 줄을 꽂고 자기 키의 두 배는 되는 병상에 누워 이동하는 아이, 엄마 등에 업혀 칭얼거리는 유난히 마른 아이까지… 한 번도 보지 못한 많은 어린이 환자들 속에서 아프지 않은 제 아이를 안고 죄지은 듯 고개 숙이고 나왔습니다. 그날은 안도와 슬픔이 뒤섞인 이상한 날이었습니다.

⸿

인간은 생명이 시작되는 순간부터 질병과 싸우며 살아간다고 해도 과언이 아닙니다. 질병은 발생 시기에 따라 선천성과 후천성으로 나눌 수 있습니다. 후천성 질병이란 태어난 후 미생물이나 바이러스 등의 원인체에 감염되어 발생하는 질병을 뜻하며, 가장 흔한 예로 감기가 있죠. 이런 질병들은 오래전부터 치료법이 전해져오거나 계속해서 백신이나 치료제가 개발되고 있기 때문에, 대부분의 병이 치유됩니다. 그에 반해 태어나면서부터 가지고 있는 선천성 질병은 치료하기 어려운 경우가 많습니다. 그래서 아이가 태어나기 전에 저처럼 많은 검사를 하며 마음을 졸이게 되죠.

그런데 선천성 질병 중에서도 가장 부모 마음 아프게 하는 것이 유전병입니다. 부모에게서 유전적인 발병인자를 물려받는 경우거든요. 발병인자가 있는 유전자가 위치한 곳이 상염색체인지 성염색체인지, 미토콘드리아인지에 따라 발병 양상이 달라집니다.

또, 하나의 유전자에 이상이 있는 단인성 유전병과 여러 유전자에 이상이 있는 다인성 유전병으로도 구분되는데요. 희소하게 발생하는 단인성 유전병에 비해, 다인성 유전병은 흔하게 나타납니다. 바로 당뇨, 비만, 심혈관질환 등이 이런 경우인데, 건강에 유의하면 발병률을 낮출 수 있죠. 유방암도 환경적 요인의 영향을 받지만 선천적으로 특정 유전자 패턴 때문에 발병하는 유전병입니다. 이 유전자 패턴은 높은 확률로 유방암을 발병시키기 때문에 조기 및 정기 검진이 필수적이죠.

미국 영화배우 안젤리나 졸리는 2013년 유방암에 걸리지 않았는데도 예방적으로 유방 절제 수술을 받았다고 합니다. 어머니는 난소암, 이모는 유방암으로 세상을 떠난 가족력이 있어 검사를 해보니, 자신 또한 유방암의 원인이 되는 유전자를 가지고 있었기 때문이죠. 아직 발병하지 않았지만 충분히 예상되는 상황이라 미리 그 가능성을 차단하는 선택을 했다고 합니다.

224

이상 유전자의 위치에 따라서는 유전병이 어떻게 다르게 나타날까요? 일반적으로 자녀는 어머니의 유전자와 아버지의 유전자를 절반씩 가져와 22쌍의 상염색체와 1쌍의 성염색체로 구성된 유전자를 갖습니다. 상염색체는 어머니와 아버지의 두 유전자를 받아 대립 유전자 한 쌍을 이루기 때문에, 이상이 있는 유전자가 우성인지 열성인지에 따라 발현되는 비율이 다릅니다. 이와는 다르게 성염색체는 XX 또는 XY로 구성되는 특징을 가지고 있지요. 성염색체에 기인한 대부분의 유전병은 X 염색체에 이상이 있는 경우가 많고, Y 염색체 이상으로 인한 유전병은 아주 드뭅니다.

그렇다면 유전자 이상이 미토콘드리아에 존재하는 건 어떤 경우일까요? 이 병을 이해하기 위해서는 약간의 생물학적 설명이 필요합니다. 수정된 배아를 DNA 측면에서 설명하면, 난자의 DNA와 정자의 DNA가 결합되었다고 할 수 있죠. 하지만 좀 더 정확히 설명하자면, 난자와 정자의 DNA가 절반씩이라고 할 수는 없습니다. 난자에는 두 개의 DNA가 존재하는데 하나는 난자에 있는 핵의 DNA이고, 다른 하나는 난자 안에 있는 미토콘드리아 DNA입니다. 약 99:1 비율로 핵 DNA가 압도적으로 많지만, 미토콘드리아 DNA도 반드시 필요하죠. 이에 비해 정자 DNA는 미토콘드리아 DNA 없이 99.9퍼센트 이상 핵 DNA로 구성되어 있습니다. 따라서 수정이 되었다는 것은 난자의 핵 DNA, 난자의 미토콘드리아 DNA, 정자의 핵 DNA, 이렇게 세 가지가 결합되었다고 할 수 있죠. 이때 미토콘드리아 DNA에 있는 유전자에 이상이 있으면, 이 유전자가 계속해서 난자를 통해 후대에 전달되어 유전병으로 나타나는 겁니다.

이런 경우 유전병의 원인이 난자의 미토콘드리아 이상이라는 것을 알아냈는데, 난자의 미토콘드리아는 반드시 있어야 하는 존재라 제거할 수도 없으니 어떻게 하면 좋을까요? 이상이 있는 미토콘드리아를 건강한 미토콘드리아로 교체하는 방법이 있겠죠. 일단은 '시험관 아기'의 방법과 동일하게 엄마의 난자와 아빠의 정자를 준비합니다. 그리고 엄마의 난자에서 이상이 있는 미토콘드리아를 제거한 후, 유전병이 없는 여성의 난자에서 건강한 미토콘드리아를 뽑아서 대신 넣어줍니다. 그리고 아빠의 정자와 수정을 시키는 것이죠. 이 방법을 적용하려면 세 사람(유전병이 있는 여성, 건강한 여성, 남성)이 있어야 하기 때문에, '세 부모 배아'라고 부릅니다. 전문적으로는 '미토콘드리아 교체 치료법MRT'이라고 하죠.

MRT는 윤리적인 문제 때문에 많은 나라에서 법으로 금지했지만, 일부 나라에서는 허용하고 있습니다. 그래서 실제로 '세 부모 배아'를 통해 태어난 사람들이 있고, 지금도 이 치료법이 시술되고 있습니다. 2016년 가장 먼저 이 유전자 치료법을 승인한 나라는 영국입니다. 미국은 아직 관련 규정이 없어서, 관련 질병이 있는 미국의 부모가 멕시코에서 이 시술을 받았다는 소식도 있습니다. (여담이지만, 1978년 최초의 시험관 아기 루이스 브라운과 1997년 복제 양 돌리도 영국에서 활동하는 연구팀의 결과였죠. 브렉시트 이후에는 EU의 규정에서 벗어나 유전자 편집 동식물에 관한 규제를 완화하겠다고 발표했으니, 생명과학의 선두를 달리는 연구들이 영국에서 나오는 것을 단순히 우연이라고 할 수 있을까요?)

정확히 말하자면 '세 부모 배아'는 문제가 있는 유전자를 치료하는 것이 아니고, 그 유전자가 속한 미토콘드리아 전체를 교체하는 것입니다. 그런데 여기에는 반드시 건강한 사람의 미토콘드리아가 필요하다는 단점이 있습니다. 최근에는 이런 단점까지 극복한 방법으로, 문제가 있는 유전자 자체를 치료하는 기술이 개발되었죠. 미국의 발달생물학자 미탈리포프 연구팀이 '비대성 심근병증'이라는 유전질환을 일으키는 유전자를 교정 기술로 치료한 결과를 2017년 《네이처》에 발표했습니다. 이 유전병은 상염색체에 이상 유전자가 있는 경우인데, 실제로 난자와 정자가 수정된 배아에서 교정으로 유전자가 치료된 것을 확인하는 단계까지 이르렀죠.

물론 이것은 실험실 수준인 배아 단계에서 확인했다는 것이고, 그 이상의 실험은 진행되지 않았습니다. 하지만 유전자를 교정 치료한 사람이 태어날 수 있다는 가능성은 충분히 보여준 것이죠. 이런 기술이 가능해지면서 우리가 고려해야 할 윤리적 문제들이 있습니다.

먼저, 기술의 불확실성에 따른 우려입니다. 유전자 교정 과정에서 다른 정상 유전자에 손상을 줄 수 있다는 것이죠. 이에 대해 생명윤리학자들은 99.99퍼센트 이상 안전성이 확보될 때까지는 유전자 교정 기술을 적용하지 못하도록 금지할 것을 요구하기도 합니다.

이런 이유로 여러 나라에서 사람의 생식세포에 유전자 기술을 적용하는 것을 허용하지 않는데요. 우리나라도 그중 하나입니다. 앞에서 살펴본 미탈리포프 팀의 연구에도 한국 과학자가 참여했는데, 그는 미국에서 제공된 유전자를 분석하는 분야에만 참여했죠.

우려가 많은 만큼, 전 세계의 과학자들이 유전자 교정 중 발생할 수 있는 부작용에 대해서도 심도 있게 연구하고 있습니다. 그중에는 사람과 똑같은 유전병을 가진 동물들에게 치료법을 적용하는 방법도 있습니다. 앞에서 살펴본 '비대성 심근병증'은 고양이, 개, 소 등에서도 발생하는 유전병이죠. 특히 전문적으로 고양이를 번식하는 사람들에게 잘 알려져 있어서, 이

유전병을 가진 개체들이 증가하지 못하도록 번식 전에 심근병증 검사를 합니다. 이렇게 자연적으로 발병된 동물들에게 유전자 교정 치료법을 적용하는 연구를 통해서도 부작용을 미리 발견하고 개선해 유전자 교정 기술의 안전성을 높이는 데 도움을 받고 있죠.

또 다른 윤리적 문제는, 이 의료기술이 질병 치료 외의 목적으로 이용될 수 있다는 점입니다. 오래된 영화지만, 혹시 〈가타카〉를 보신 적이 있나요? 유전자 교정으로 우수한 형질을 가진 맞춤형 아이들을 탄생시키는 것이 허용된 미래가 배경인데요. 자연임신으로 태어난 형과 맞춤형 아기로 태어난 동생이 등장하죠. 주인공인 형은 태어날 때부터 우수한 지능과 신체 조건을 가진 사람들 사이에서 어렵게 성장합니다. 하지만 결국에는 유전자가 모든 걸 결정하는 것은 아니며 개인의 의지가 타고난 유전자를 극복할 수 있다는 내용입니다. 제가 좋아하는 영화인데, 이 영화를 보시면 자신의 한계를 극복하려는 주인공의 노력과 의지를 응원할 수밖에 없을 거예요. 그러나 그와는 별개로, 이런 미래가 온다면 정말 끔찍할 것 같습니다.

2018년 중국의 과학자 허젠쿠이가 사람에게서 에이즈 저항성을 가진 아기가 태어났다는 연구 결과를 발표했습니다. 이 연구를 두고 전 세계에서 우려와 분노를 표명했습니다. 현재 우리나라를 포함한 많은 국가에서 사람의 배아 연구를 엄격한 생명윤리법으로 관리하고 있는데요. 나라마다 약간씩 기준이 다르지만, 대개 며칠 정도의 배아 단계까지 연구를 허용하는 수준입니다. 그러니 완전히 태아로 발달해 사람이 태어났다는 연구 결과는 그야말로 충격적인 것이죠. 이 일로 생명과학자들이 《네이처》에 성명서를 발표해, 인간 배아를 이용한 유전자 편집의 임상 적용을 금지하고 국제기구를 만들어 관리 감독해야 한다고 요구했습니다. 하지만 인간이 유전병 극복을 염원하는 한, 이런 시도와 논란은 계속될 것입니다.

부모는 자식에게 가능한 한 많은 것을 주고 싶습니다. 그런데 주고 싶지 않아도 주게 되는 미안한 것들 중에 가장 가슴 아픈 것이 유전병 아닐까요. 태어나는 생명의 예견된 아픔을 막고 싶은 것은 모두가 같은 마음이기 때문에, 인류는 유전병 치료를 포기할 수 없을 것입니다. 증상을 완화하는 데 그치던 치료법이 유전자를 교정해 근본적인 원인을 없애는 기술로까지 발전한 것은 당연한 수순입니다. 만약 이 새로운 생명과학 기술에 대한 두려움 때문에 이제 와서 한발 물러선다 해도 그것은 잠시뿐이겠죠. 과학계는 이 치료법에 대한 정보의 투명성과 객관성을 철저히 지키고, 사회에서는 활발한 논의로 많은 사람들이 지지할 수 있는 규정과 지침이 마련되었으면 좋겠습니다. 우리가 앞으로 나아가야 한다면, 그래서 유전병으로 고통받을 아이들이 없는 세상을 바라고 있다면 말이죠.

질병 저항성이 있는 슈퍼동물

혹시 실험을 해보셨나요? 만약 그렇다면 꼭 교수나 전문 연구원이 아닌 대학원 초년생이라도 실험으로 원하는 데이터를 얻기까지 얼마나 지리한 과정을 견뎌야 하는지 이해하실 겁니다. 운이 좋다면 실험의 가설과 설계가 들어맞아 금방 좋은 결과가 나오기도 합니다. 하지만 그런 운은 대부분의 실험에는 따르지 않죠. 실패하고 실패하면서 여러 방법을 찾아헤매다가 성공하는 것이 실험이기 때문에, 미완성과 불가능을 가르는 것은 다시 한번 더 도전하는 의지에 달렸다고 생각합니다.

제가 프리온 유전자를 제거한 소를 만들 때의 이야기입니다. 그때는 포유동물에서 특정 유전자를 제거할 때, 원하는 결과를 얻을 확률이 1퍼센트였습니다. 마우스로 실험을 한다면 한 마리의 성공을 기대하며 100마리를 키울 수 있지만, 소에서는 최소 20퍼센트 이상으로 효율을 높여야 실험이 가능해집니다. 연구 초기에 이런 불가능한 숫자를 들고서 농림수산식품부의 연구비를 받을 수 있었던 것은, 아마도 가능성이 높기 때문이 아니라 도전할 만한 가치가 있다는 점이 받아들여졌기 때문이었을 겁니다. 처음에는 아무리 노력해도 5퍼센트의 효율에 그치던 것이, 어느 순간 20퍼센트에 도달하더군요. 저에게 뛰어난 능력이 있어서였을까요? 아닙니다. 제가 포기하지 않고 이 연구를 끈질기게 붙들고 있는 동안, 전 세계의 연구자들도 함께 연구했기 때문입니다.

저는 유전자를 제거하고 수정된 배아를 이식해서 송아지로 태어나게 하는 일, 주로 임상 연구를 합니다. 기초과학을 하는 연구자들은 실험실에서 유전자 편집의 효율을 높이는 방법을 개발하는 데 온 힘을 쏟지요. 제가 이 연구와 씨름하는 동안에도 유전자를 편집하는 다양한 기술이 개발되었습니다. 한 연구실에서 A를 만드는 데 성공하면, 다른 연구실에서는 그걸 가지고 B를 만듭니다. 그러면 저 같은 사람도 그 기술을 이용해 C를 만드는 도전을 할 수 있죠. 마치 전 세계의 연구자들이 동료가 된 것 같은 희열을 느낄 수 있는 것이 연구의 매력입니다.

얼굴도 한 번 보지 못한 연구자들의 도움으로 간신히 한고 비를 넘겼더니, 이번에는 2010년 기록적인 구제역이 터지더군요. 처음에는 방역과 살처분에 투입된 수의직 공무원 선후배들이 곤욕을 치르겠다 싶었는데, 곧 저에게도 시련임을 깨달았습니다. 수정란을 만들 소의 난자도 구해야 하고, 무엇보다 완성된 수정란을 대리모에 이식(착상)해야 하는데 목장에 접근조차 할 수가 없었습니다. 이도 저도 못한 채 이식은 중단되었고, 다시 실험실에 계속 앉아 있다 보니, 속속 발표되는 다양한 유전자 편집 방법도 시도해보게 되더군요. 역설적으로 구제역 사태를 지나는 동안 50퍼센트의 효율을 달성하며 초기 3년의 연구를 성공적으로 마무리할 수 있었습니다.

프리온 유전자 제거 효율을 높였으니 이제는 본격적으로 임상 적용에 나서야겠죠. 그런데 소를 구입하거나 목장을 빌리고, 소를 키울 인력을 고용하는 비용은 국가 연구비 수준으로는 감당할 수도 없지만 애초에 허가되지 않는 항목입니다. 다행히도 소를 위한 연구용 목장을 운영하는 곳이 있는데요. 바로 우유 회사입니다. 저도 서울우유와 연구협약을 맺어 한시름 놓고 연구에 집중할 수 있었죠.

그 뒤에는 경상북도 축산기술연구소의 도움을 받아 연구를 이어가고 있으니, 기업과 국가 연구비를 가리지 않고 많은 곳에서 도움을 받아 10년 넘게 연구를 유지할 수 있었던 셈입니다. 2019년에야 프리온 유전자가 제거된 송아지가 태어났으니까요. '세상에, 10년이라니! 그럼 저 연구실의 대학원생들은 졸업하는 데 얼마나 걸린 거야?' 하고 기합하실 수도 있지만, 중간중간의 성과를 정리해서 논문을 내는 것이니 그런 걱정은 하지 않으셔도 됩니다.

이 연구는 10년이 걸려 결실을 맺었지만, 놀랍게도 아직 끝난 것이 아닙니다. 프리온 제거 송아지를 여러 마리 얻어 번식시켜야 하고, 그다음 세대도 유전자가 없는지 검사해봐야 하죠. 또 10년 이상 성장하고 노화되는 과정을 지켜보며, 프리온 제거로 인해 소에서 발생할 수 있는 이상을 관찰해야 합니다. 이런 소가 태어났으니 유전자 편집 동물을 따로 키워야 하는 규정에 따라 특별한 목장도 만들어야 하죠. 이래저래 막대한 예산이 필요합니다. 이제 막 매듭을 하나 지었는데, 여전히 앞길이 구만리네요. 솔직히 이 오랜 여정을 미리 알았더라면 시작할 용기가 났을까 싶은데, 이 과정을 지켜보고도 도전하겠다는 대학원생들이 새삼 대단해 보입니다.

10 질병 저항성이 있는 슈퍼동물

특정 질병에 걸리지 않는 동물들을 '슈퍼동물'이라고 부릅니다. 슈퍼동물은 과거에도 자연적으로 존재했습니다만, 대부분이 우연히 발생한 돌연변이에 의해 태어난 것이라 드물게 나타났을 뿐이죠. 이런 슈퍼동물들을 향한 관심은 꾸준히 있었지만, 그동안은 기술적 한계로 재현이 불가능했습니다.

그러나 동물 복제 기술이 발전하면서, 질병 저항성이 있는 슈퍼동물을 똑같이 복제할 수 있게 되었죠. 2007년 소에서 이런 사례가 발표되었습니다. 브루셀라균은 암소의 유산, 수소의 고환 염증을 일으켜 불임을 유발하는 치명적인 질병인데, 우연히 브루셀라에 저항성이 있는 소가 확인된 겁니다. 자연적으로 발생한 돌연변이였죠. 이 소는 1996년 노화로 죽었지만, 과학자들은 죽기 전에 세포를 분리해 보관해두었습니다. 그리고 이 소를 복제하면 브루셀라에 저항성이 있는 슈퍼동물이 될 거라는 가설을 세워 실험을 진행했죠. 여러 마리의 임신된 소 중에서 한 마리가 태어났는데, 실험을 해보니 브루셀라 감염에 저항성이 있음이 확인되었습니다.

얼마 전까지는 슈퍼동물이 우연히 발견되기를 기다렸다가 복제하는 방법뿐이었습니다. 하지만 우리가 원하는 특정 질병에 저항성을 갖는 동물이 영원히 태어나지 않거나 발견되지

않는다면요? '우연'만 바라고 기다렸다면 인류가 이런 고도성
장을 이루지 못했겠죠. 과학자들은 '필연'적으로 슈퍼동물을
만날 방법을 모색합니다. 유전자 편집 기술이 발달하면서, 질
병에 저항성이 있는 돌연변이의 유전자를 분석하고, 그 유전자
를 도입한 동물이 태어나는 것이 가능해진 것이죠.

그렇게 등장한 슈퍼동물들의 사례로, 먼저 '돼지 생식기 호
흡기 증후군 바이러스PRRS' 질병에 걸리지 않는 돼지를 소개
합니다. PRRS 질병은 돼지에서 호흡기 증상과 유산을 일으켜,
구제역만큼이나 막대한 피해를 입히는 질병입니다. 이 질병의
기전을 연구해, 바이러스가 돼지의 세포에 침투할 때 세포의
표면에 있는 특정 통로를 통한다는 사실을 알게 되었죠. 미국
의 연구팀은 그 통로를 제거하면 질병에 걸리지 않을 것이라
는 가설을 세우고, 유전자 편집으로 돼지에서 세포의 특정 통
로를 제거하는 시도를 합니다. 그렇게 태어난 돼지에게 PRRS
바이러스를 감염시키는 실험을 했는데 감염이 되지 않았다는
놀라운 결과가 2016년에 발표되었습니다. 이후 미국에서는
PRRS에 저항성이 있는 슈퍼돼지를 차세대 동물자원으로 이
용하기 위한 연구가 빠르게 진행되고 있습니다. 이 슈퍼 돼지
는 여러 안전성 검사를 통과했고, 식품으로 판매될 수 있다는
뉴스가 2024년에 발표되었습니다.

다른 사례로 2016년에 태어난 돼지열병에 저항성이 있는 돼

지도 있습니다. 돼지열병의 특이점은 야생돼지(멧돼지)는 걸리지 않고, 가축화된 돼지만 걸린다는 사실인데요. 영국의 연구팀은 이 점에 착안해, 야생돼지에서 돼지열병에 걸리지 않도록 해주는 유전자를 찾아냅니다. 이들은 그 특정 유전자를 가축화된 돼지에게 주입해서 돼지열병 바이러스에 저항성이 있는 슈퍼돼지를 만들었죠.

젖소에서는 오랜 골칫거리인 유방염에 걸리지 않는 소가 등장했습니다. 유방염은 젖을 짜는 동물의 유선에 염증이 생기는 질병인데, 젖소에서 발병하면 우유에 고름이 섞여 들어가 막대한 피해를 입게 됩니다. 보통은 치료제로 항생제를 사용하지만, 항생제가 우유에 잔류하는 경우 판매를 할 수 없죠. 유방염을 일으키는 대표적인 세균들이 있는데, 이 세균들을 죽이는 물질을 소가 스스로 생산해 유방염 발병 비율을 낮추는 것이 이 연구의 목적입니다. 2005년 미국의 연구팀은 유방염을 일으키는 주요 세균을 죽이는 리소스타핀이 유선에서 분비되어 유방염에 저항성이 있는 슈퍼소를 생산했습니다.

현재의 생명과학 기술은, 만약 질병의 발생 원인을 정확히 파악했다면 그에 저항성이 있는 동물을 태어나게 할 수 있는 정도에 이르렀습니다. 하지만 이런 슈퍼동물은 일반적인 동물로 분류되지 않습니다. 이들은 유전자 편집 동물로 분류되어, 연구는 가능하지만 고기나 우유 등으로 판매되는 것은 금지되죠. 하지만 통제 불가능한 끈질긴 전염병으로 인해, 머지않은 미래에 이런 슈퍼동물이 연구실을 벗어나 식량자원으로 활용될 것이라는 전망에는 대부분 동의하고 있습니다.

솔직히 저도 전공 분야를 벗어나면 빠르게 발전하는 과학기술을 따라가기가 쉽지 않습니다. AI(인공지능)나 자율주행차, 화성 이주 같은 이야기는 제가 이해하고 받아들일 시간도 주지 않고 휘몰아치듯 앞으로 달려나가고 있습니다. 아마 대중에게는 생명과학 기술도 마찬가지겠죠. 그런데 발전하는 기술 가운데서도 유독 식량자원에는 두려움이 앞서는 것 같습니다. 물론 음식이 우리 생활에 깊이 연관된 만큼 조심스럽기는 하지만, 그만큼 미래의 생존과 직결된 문제임을 염두에 두어야 합니다. 있으면 좋고 없으면 불편한 정도의 기술이라면 모르겠지만, 식량자원은 그런 종류의 문제가 아닙니다.

물론 과학적 검증도, 윤리적 문제도 꼼꼼히 살펴야 합니다. 하지만 그런 논의를 하기도 전에 선입견과 근거 없는 편견으로 새로운 길로 통하는 문을 닫아버리는 것이야말로 가장 경계해야 합니다. 우리가 그 기술을 외면하고 규제해도, 다른 나라에서는 규제를 풀어 제도적으로 개발을 장려하고 관련 기술을 선점합니다. 우리나라에서는 이런 기술이 연구실에만 머무는 동안, 다른 나라에서는 기업이 투자하고 정부가 장려해 산업화의 물꼬를 튼다면 순식간에 경쟁할 수 없는 수준으로 격차가 벌어지게 되죠.

우리는 조선 후기에 나라 밖 세계를 외면하며 문호를 닫았습니다. 이는 결과적으로 자충수가 되었죠. 그런 정책은 필연적으로 실패할 수밖에 없습니다. 지구상에 우리나라만 존재하는 것이 아니기 때문이죠. 하물며 모든 것이 연결된 21세기에 변화가 두렵다고 걸어잠가서는 안 될 일입니다. 언젠가는 받아들여야 할 필수적인 분야라면 차라리 누구보다 빨리 선점하는 것이 낫지 않을까요?

생명을 돌보는
수의사의
진료실

'딸' 해피의 출산

10년쯤 전이었습니다. 예약된 진료 시간에 젊은 부부가 반려 동물을 안고 들어왔습니다. 부부의 품에는 '해피'라는 이름의 개가 안겨 있었죠. 먼저 어떤 진료가 필요한지 진료소견서를 살펴봤습니다. 제가 속한 동물병원은 2차 진료 기관이어서, 진료를 받으려면 1차 진료 기관에서 소견서를 받아와야 합니다. 그런데 진료소견서의 내원 목적에 '임신 진단 및 관리'라고 쓰여 있는 겁니다. 저는 잠시 당황했습니다. 개의 임신 진단은 간단해서 굳이 2차 진료 기관까지 오는 경우가 별로 없거든요. 그때까지 진료하면서 처음 있는 일이었습니다.

조금 의아한 마음으로 보호자와 문진을 시작했습니다. 사람은 아픈 곳을 직접 말할 수 있지만 동물은 사람 말을 할 수 없으니, 평소에 반려동물의 행동을 가장 잘 알고 있는 보호자와 상세하게 대화를 나눕니다. 수의사들은 이 과정에서 보호자로부터 반려동물이 아픔을 호소하는 부위, 경과, 이상 가능성 등 질병 진단에 영향을 줄 수 있는 정보를 얻습니다. 그리고 진단을 좀 더 구체화하기 위해 문진 정보를 바탕으로 신체검사, 혈액검사, 영상검사 등을 실시하게 되죠.

기본적인 신체검사에서는 심장 뛰는 속도, 호흡수, 체온, 피부에서 확인되는 이상 증상 등을 관찰하고 기록합니다. 그리고 대부분의 경우 혈액검사를 하는데, 검사 항목이 적게는 10개에서 많게는 50개까지 되어, 필수적인 항목부터 선별해 검사하고 필요한 경우 항목을 확대합니다. 만약 진단에 필요하다고 생각되면 엑스레이 등의 영상검사를 하고, 심층적인 분석이 필요한 경우 초음파검사나 CT 또는 MRI까지도 진행합니다. 이런 종합적인 검사를 통해 반려동물의 질병을 진단하게 되죠.

진단 후에는 보호자에게 진단명과 함께 치료 계획을 알려줍니다. 간단하게는 약을 처방하기도 하고, 어렵게는 수술을 해야 한다고 알리기도 하죠. 때로는 정확하게 진단을 내릴 수 없는 경우도 있는데요. 그러면 가능성이 높은 진단명부터 알립니다. 문제가 되는 상황을 하나씩 해결해나가는 방향으로 보호자와 이야기를 나누죠.

❖

해피의 경우 문진을 통해서 특별한 이상을 발견할 수 없었고, 아직 임신 초기로 판단되므로 '임신 진단 및 관리'를 위해서 혈액검사를 할 필요성은 낮아 보였습니다. 현재의 임신 상태와 태아의 수를 확인하기 위해 초음파검사는 해야 했죠. 보호자에게 설명하고 초음파검사를 해보니 착상된 두 아기(강아지)의 모습이 관찰되었고, 아기들의 심장이 건강하게 뛰는 것이 확인되었습니다.

보호자 두 분에게 해피가 두 마리의 강아지를 임신한 것으로 확인되었고, 건강한 상태인 것으로 판단된다고 알려드렸습니다. 두 분은 제 이야기를 듣고 매우 행복한 표정이셨는데요. 특히 남편은 눈시울이 붉어질 정도로 감격한 듯 보였습니다. 저도 덩달아 좋은 기분으로 다음 진료는 특별한 일이 없으면 약 20일 후에 오셔서 엑스레이 검사를 한 번 더 받고, 분만 준비에 대해서 간단한 설명을 들으시면 된다고 말씀드렸습니다. 강아지가 건강하게 성장하면 그에 따라 뼈의 밀도가 증가하므로, 임신된 강아지의 대략적인 뼈 상태를 평가하기 위해 엑스레이 검사를 권유한 것이죠.

진료가 끝나고, "더 궁금하신 점이 있나요?" 하고 묻자, 보호자가 약간 의아한 표정으로 반문했습니다.

"매주 와서 임신된 강아지의 건강 상태를 확인해야 하는 것 아닌가요?"

사람은 임신하면 거의 매달 병원에 가서 아기의 건강 상태를 확인하는데, 해피도 그렇게 해야 하는 것 아닌지 궁금했던 거죠. 저도 아내가 임신했을 때 자주 산부인과에 갔던 기억이 있어서, 어떤 의미인지 이해가 되더군요. 그래서 보호자에게 사람의 경우 임신 기간이 40주로 매우 길기 때문에 자주 병원에 방문해서 여러 가지 검사를 하지만, 개는 임신 기간이 두 달이기 때문에 자주 검사를 할 필요가 없다고 말씀드리면서 덧붙였죠.

"그래도 불안하시면 한두 번 더 내원해 초음파검사로 임신된 강아지가 성장하는 모습을 확인하셔도 됩니다. 하지만 반드시 해야 할 필요는 없고 비용도 만만치 않으니 20일 정도 후에 오시는 것이 어떨까요?"

하지만 보호자는 20일이 되기 전에 한두 번 더 검진을 받고 싶다 했습니다. 수의사로서 많은 진료를 했지만, 이번 보호자는 특별히 반려동물을 더 사랑하시는 분인가 보다 생각했죠.

진료를 마치면서 보호자에게 해피의 임신을 각별히 챙기는 특별한 연유가 있는지 물었습니다. 말씀을 들어보니 두 분에게는 다른 가족이 없고, 해피를 자식으로 생각하며 키운다고 하시더군요. 진심으로 딸이라고 여기는데, 딸이 임신을 했으니 너무 기뻐서 뭐든 다 해주고 싶다고요. 임신한 해피도 건강하고, 배 속 강아지도 모두 건강하게 태어나길 바라는 마음으로 가능하면 자주 병원에 와서 건강 상태를 확인하고 싶다고 말이죠.

일주일 후에 보호자 내외가 해피와 함께 다시 내원했고, 간단한 문진 후 초음파검사를 통해 아기의 상태를 관찰했습니다. 초음파로 심장이 뛰는 모습을 보여드렸는데, 두 분 다 감동해서 또 눈시울이 붉어지더군요.

이후 한 번 더 내원해서 건강 상태를 확인했는데, 두 마리 모두 건강하게 잘 자라고 있으니 이제 분만 준비만 잘하시면 된다고 안내했습니다. 개들은 분만할 때 조용하고 편안한 곳을 좋아하니, 미리 준비를 해두시면 도움이 될 거라는 이야기와 함께, 분만이 시작된 후 아기가 태어나는 데 문제가 있다고 판단되면 내원하시라고 말씀드렸죠.

그렇게 순산할 것으로 생각했는데, 해피는 분만 당일 병원에 오고 말았습니다. 분만이 순탄치 않아 제왕절개를 해야 하는 상황이었죠. 분만이 시작된 지 몇 시간이 지났는지 정확하진 않았지만, 이미 첫 번째 강아지는 태반이 박리된 상태에서 엄마 몸 밖으로 나오지 못해 죽은 듯했습니다. 일반적으로 태반이 박리되기 전에는 엄마 배 속의 동물이 제대(탯줄)를 통해 호흡하지만, 태반이 박리되면 제대를 통한 호흡은 멈추고 폐를 통해 호흡을 시작하게 됩니다. 이렇게 폐를 통한 호흡이 시작되면 엄마의 몸 밖으로 나와야 하죠. 그런데 그러지 못하고 중간에 걸려 있으면, 폐로 호흡하려고 입을 벌리면서 양수를 먹게 됩니다. 이 양수가 폐로 들어가서 위험한 상황이 되는 것이고요. 아마도 병원에 왔을 당시 첫 번째 강아지는 이미 죽은 상태였던 것으로 판단되었습니다.

남아 있는 한 마리를 살리기 위해 빠르게 제왕절개 수술이 진행되었습니다. 다행히 수술이 잘 마무리되어, 아기는 건강하게 잘 태어났고 엄마 해피도 순조롭게 회복할 수 있었죠. 수술이 끝난 후 아기와 해피를 맞은 보호자 내외는 눈물을 훔치면서 아기의 탄생을 축복해주었습니다. 정말 손주를 본 것처럼 기뻐하는 마음이 저에게도 전해졌습니다. 그리고 퇴원 후에는 해피와 아기 모두 건강하게 잘 지낸다는 연락을 받기도 했습니다.

이후 시간이 흘러 해피에 대한 기억이 흐려진 2020년, 어느 지역 동물병원의 수의사가 연락을 해왔습니다. '해피'라는 개의 보호자가 해피 새끼의 자궁과 난소가 이상해 검사를 받으러 내원했다는 내용이었습니다. 검사 결과를 받아보니, 난소에 물혹이 있어 보이고 자궁이 비정상적으로 비대해진 것으로 보아 수술하는 것이 좋겠다고 의견을 전했습니다. 개의 경우 난소의 물혹은 드물게 발생하는데, 호르몬 치료제가 잘 듣지 않아 치료하기가 까다로운 편입니다.

보호자가 메리(해피의 새끼 이름)가 다른 질병도 있고 하니 제가 속한 동물병원에서 수술을 받고 싶다고 해, 다시 한번 보호자 내외를 만날 수 있었습니다. 시간이 꽤 흘렀지만, 두 분의 얼굴을 보니 해피가 선명하게 기억나더군요. 해피는 이미 나이가 많아서 무지개다리를 건넜다고 알려주는 그분들의 표정에 아련한 슬픔이 서려 있었습니다. 두 분은 메리의 수술을 잘 부탁한다고 몇 번이나 말씀했고, 그때마다 저는 최선을 다할 테니 걱정 마시라고 안심시켰죠.

비슷한 수술을 300번 이상 해본 터라 어려운 일은 아니었지만, 이렇게 보호자와 인연이 길어질 때는 부담을 느껴 조금 긴장이 됩니다. 의사들도 지인이나 부담감을 느끼는 환자를 수술할 때 긴장이 되어 제 실력을 발휘하지 못하는 'VIP 증후군'이 있다고 하는데요. 그때 저도 보호자 내외의 해피와 메리에 대한 사랑이 너무나 각별하다는 것을 알고 있었기 때문에, 오히려 더 긴장하고 실수할까 봐 최대한 차분한 마음으로 수술을 진행했습니다. 수술은 평균 시간보다는 조금 더 걸렸지만, 다행히 걱정했던 돌발 상황 없이 잘 마무리되었습니다. 수술 후 메리는 잘 회복해 퇴원했고, 최근 통화한 바로는 건강하게 잘 지낸다고 합니다.

반려동물을 진료하다 보면 다양한 보호자를 만나게 되는데요. 대부분은 자신의 반려동물을 정말 많이 사랑합니다. 간혹 그렇지 못한 분들이 있어서 사회적으로 문제가 되기도 하지만, 대다수의 보호자는 반려동물을 가족으로 여기고 치료에 최선을 다하죠. 다만 해피의 보호자 내외는 자녀가 없어서 해피와 메리를 정말 딸처럼 더 깊이 사랑하셨던 것 같습니다. 현장에서 많은 보호자를 만나는 저에게도 그 모습은 특별한 사랑으로 오래 기억에 남을 것 같습니다.

아메리칸 불리의 임신 적기 검사

제가 수의사로서 진료를 시작한 것이 20여 년 전인데, 그때는 동물병원에 내원하는 개의 품종이 몇 안 되었습니다. 자주 접한 품종은 몰티즈, 요크셔테리어, 치와와 등이었고 대형견은 많지 않았습니다. 물론 마당에서 집을 지키는 큰 개를 키우기는 했지만, 반려동물로 세심하게 관리하며 키우는 문화는 관리가 손쉬운 소형견에서 먼저 유행했고, 대형견을 애지중지 키우는 경우는 드물었죠. 하지만 지금은 반려동물을 키우는 인구가 증가하고 품종에 대한 선호가 다양해지면서 정말 많은 품종의 개를 만날 수 있게 되었습니다.

그런데 그 전에도 특정 품종에 대한 마니아층은 외국에서 개를 수입해오기도 했습니다. 비용을 정확히는 모르지만 약 1,000만 원 이상 상당한 금액이 드는 것으로 알고 있습니다. 그래서 강아지를 수입해 들여오는 것이 아니라, 동결된 정자를 수입해 국내에서 인공수정을 하는 경우가 생겨났죠. 국내에서는 2000년대 초부터 이런 수요에 발맞춰 동물병원에서 인공수정 시술 서비스를 제공하고 있습니다.

포유류 중에서도 개의 임신은 생리학적으로 몇 가지 특이한 점이 있습니다. 엄밀히 말하면 개뿐만 아니라 개과(개, 늑대, 코요테 등) 동물에게 독특한 세 가지 특징이 있죠.

첫 번째는 난자의 수명입니다. 대부분의 포유동물의 난자세포는 배란 후 평균 24시간 내에 수정되지 않으면 자연적으로 죽게 됩니다. 하지만 개의 난자는 배란 후 72~96시간까지 생존할 수 있죠.

두 번째는 수정되기까지의 시간입니다. 사람을 포함한 대개의 포유동물은 배란된 난자세포가 바로 수정될 수 있습니다. 그러나 개에서는 배란된 난자가 이렇게 수정 가능한 상태가 되려면 48~72시간이 걸립니다.

마지막으로 세 번째는 배란 시점을 예측하기 어렵다는 점입니다. 사람의 경우 호르몬 진단 키트가 있어서 쉽게 배란일을 알 수 있지만, 개는 사람처럼 그렇게 간단한 도구가 없어서 병원에서 검사를 해야 알 수 있죠.

오랫동안 개를 키워온 견주들은 암컷의 배란 시기 전후로 관찰되는 생리 출혈의 양상과 행동 패턴을 바탕으로 배란 시기를 가늠합니다. 그리고 대략적으로 임신 적기를 예측해 하루나 이틀 간격으로 2회 교배하거나 인공수정을 의뢰하죠. 이때 주의할 점은 개는 한번 임신 적기를 놓치면 6~8개월을 기다려야 한다는 것이죠. (사람을 포함해 많은 포유동물은 매달 임신할 수 있습니다. 동물마다 그 간격이 조금씩 다르긴 합니다. 예를 들어 소는 평균 21일 간격으로 임신할 수 있죠.) 경험이 많은 견주도 종종 실패하는 경우가 있을 정도로 개의 '계획적인 임신과 출산'은 다른 포유동물에 비해 상대적으로 어렵답니다.

저희 병원에도 임신 적기를 검사하기 위해 내원하는 개가 가끔 있습니다. 몇 해 전에는 '아메리칸 불리'라는 품종의 진료가 예약되어 볼 기회가 있었죠. 사실 그 전까지는 사진으로만 봤는데 엄청 무섭게 생긴 것이 싸움을 위해 개량된 품종인가 싶었습니다. 그때만 해도 우리나라에 불리가 소개된 지 얼마 되지 않아 직접 볼 수 있는 기회가 많지 않았죠.

실제로도 불리는 무섭게 생겼더군요. 그런데 하는 행동이

3부_생명을 돌보는 수의사의 진료실

외모와 다르게 어찌나 순하고 귀엽던지…. '왕' 하고 물어버릴 것 같이 생겨서는 연신 손바닥을 핥으니 저도 웃지 않고는 못 배기겠더라고요. 보호자는 몇 년 동안 개를 번식시켜본 경험이 있는 분이었습니다. 키우는 다른 품종은 잘 임신이 되는데, 유독 이 불리만 임신이 잘 안 돼서 호르몬검사를 통해 정확한 배란 날짜를 알고자 내원한 것이었죠.

호르몬검사를 해서 예상 배란일과 수정 적기를 알려드렸습니다. 그리고 얼마 안 돼 임신 소식을 들었죠. 만족도가 높았던 보호자는 이후에도 여러 마리의 불리를 데려오셔서 배란 적기 검사를 받았습니다. 태어난 강아지들의 귀여운 사진을 병원 직원들이 다 같이 보기도 했죠. 당시 텔레비전 광고에 나올 정도로 아메리칸 불리는 유명해졌습니다.

우리나라에서는 희귀한 품종, 가격이 비싸거나 아직 국내에 알려지지 않아 주변에서 보기 어려운 품종을 임신 적기 검사 진료를 통해 만나곤 합니다. 국내에 개체 수가 많지 않다 보니 임신 실패 확률을 조금이라도 줄이고자 하는 것이죠. 산과(사람의 산부인과)의 진료는 응급 상황이 많아서 긴장을 놓을 수 없는데요, 임신 적기 검사로 진료가 예약되어 있으면 그날은 좀 기다려집니다. 무거운 수의사의 책무보다는 동물을 좋아하는 사람으로서 호기심과 설렘으로 맞이할 수 있는 진료 시간이죠.

상상임신을 하는 개?

꽤 오래전 일인데요. 시골 목장에 소 진료를 갔다가 주인에게 이상한 이야기를 들었습니다. 목장에서 키우는 암컷 개가, 주변에 수컷 개가 없는데도 임신을 한 것처럼 배가 불러온다는 거였죠.

"에이, 동네에 돌아다니는 수컷이 있겠죠…."

주인은 손사래를 쳤습니다. 목장은 동네로부터 꽤 멀리 떨어져 있고, 울타리가 있어서 다른 개가 쉽게 들어올 리 없다면서, 혹시 무슨 병은 아닌지 한번 봐달라고 부탁하더군요.

개를 찬찬히 살펴보니, 상상임신 증상이 분명해 보였습니다.

"상상임신이라고요? 개들도 상상임신을 합니까?"

깜짝 놀라 묻는 주인에게 암컷 개들은 모두 상상임신을 한다고 설명해주었습니다. 단지 겉으로 임신한 것처럼 보이느냐 아니냐의 차이가 있을 뿐이죠. 두 경우 다 시간이 지나면 괜찮아지니 걱정할 필요는 없습니다.

⁂

요즘은 반려동물을 키우는 분들이 적극적으로 공부하기도 하고, 관련 정보와 지식을 책이나 인터넷을 통해 쉽게 얻을 수 있어서, 암컷 개의 상상임신에 대해 인지하고 계신 분이 많습니다. 그래도 좀 생소한 증상이라, 알고 있더라도 실제로 자신의 개가 상상임신 증상을 보이면 어떻게 해야 할지 몰라 병원에 오시기도 합니다. 이런 경우 수의사들은 딱히 어떤 약을 처방하거나 처치를 해주지 않습니다. 상상임신 증상은 대부분 약이나 처치 없이 자가치유되기 때문이죠. 다만 임신 증상으로 유선이 커지는 경우 개가 불편을 느껴서 긁을 수 있는데, 이런 행동만 조심하면 됩니다. 염증이 생길 수 있거든요.

상상임신은 개와 고양이에게서는 빈번히 일어나는 일입니다. 대부분의 포유동물은 배란 후에 수정과 착상이 이루어지지 않으면(즉 임신이 되지 않으면), 높았던 임신 유지 호르몬이 다시 감소하며 다음 배란을 준비하는 과정에 들어갑니다. 하지만 개와 고양이는 배란이 된 후 수정과 착상이 이루어지지 않아도, 한동안 임신 유지 호르몬이 임신을 유지할 때처럼 높은 농도를 유지합니다. 그래서 호르몬검사를 하면 실제로는 임신이 아님에도 마치 임신한 것처럼 나오는데요. 우리는 이를 '상상임신'이라고 부릅니다. 왜 개와 고양이에게만 이런 현상이 나타나는지는 아직 정확히 밝혀지지 않았습니다.

상상임신 기간에 어떤 증상을 보이는지는 개체마다 다릅니다. 대부분 외형적으로 특별한 변화 없이 호르몬만 높게 유지되지만, 실제 임신한 것처럼 배가 부풀고 유선이 발달해 초유가 나오는 개체도 있습니다. 또 곧 새끼를 낳을 것처럼 어둡고 안락한 출산 장소를 찾는 행동을 하기도 하죠. 이런 증상으로 인해 불편함이 큰 경우 병원에 내원해 호르몬 처방을 받기도 하는데, 증상을 완화시킬 수는 있어도 좋은 방법은 아닙니다. 자연스러운 증상이고 시간이 지나면 또 자연스럽게 해결되니, 여유를 갖고 기다려주는 게 좋죠. 만약 반복적으로 증상이 심하게 나타나고, 향후 임신할 계획이 없을 경우, 발정기나 상상임신 기간을 피해서 난소와 자궁을 제거하는 수술을 받으면 증상이 완전히 사라집니다.

사람의 입장에서 보면 상상임신은 심리적인 문제에 기인해 발생한다고 생각할 수 있지만, 개와 고양이에서는 생리적으로 자연스럽게 발생하는 일입니다. 이런 생리학적 특징을 이해하면 함께 살아가면서 겪게 되는 당혹스러운 일도 줄고, 반려동물을 더 건강하게 돌볼 수 있습니다.

4

나의 첫 반려견, 심바 이야기

2005년에 태어난 세계 최초의 복제견 스너피는 세계적인 과학 잡지 《네이처》에 소개되면서 일약 대한민국의 스타 동물이 되었습니다. 핵심 연구자 중 한 명이었던 저에게도 바쁘지만 뿌듯한 시간이었죠. 보통은 논문 발표 이후가 한숨 돌리는 시간인데, 그때는 신문사와 방송사 등 미디어에서 오는 연락들로 다른 일을 하기가 힘들 정도로 정신이 없었습니다. 언론 보도용 사진도 찍었는데, 오랜 기간 연구실에만 틀어박혀 밤낮을 보내던 연구자들이 갑자기 카메라 앞에서 자연스럽기란 쉬운 일이 아니었습니다. 그중에 가장 의연해 보인 건 강아지 '스너피'와 세포를 제공한 '타이'였죠. 촬영 전 긴 털을 관리하느라 시간이 걸려도 의젓한 모습이 저에겐 흡사 연예인처럼 보이더군요.

한차례 언론의 관심이 머무는 동안 실험 과정의 에피소드 등 여러 이야기가 보도되기도 했지만, 저는 그중에서 가장 조명을 받지 못한 숨은 주인공의 이야기를 해보려고 합니다.

'타이'의 체세포를 수정란으로 착상시켜 배 속에 고이 품고 있다가 '스너피'라는 새끼를 낳은 대리모. 그 잊힌 엄마의 이름은 '심바'입니다. 심바는 제가 키우던 반려동물이었죠. 녀석은 그야말로 운명처럼 저에게 다가왔습니다.

막 수의사 면허증을 받은 초보 수의사로 당직을 서던 2000년 어느 날 밤, 검은색 리트리버 한 마리가 동물병원에 응급으로 들어왔습니다. 분만 중 배 속에 새끼가 남아 있는 것 같았지만 더 이상 분만이 진행되지 않았고, 어미는 점점 힘이 빠지고 있었죠. 선배 수의사들이 신속하게 엑스레이를 촬영해 검순이(가명) 몸속에 있는 강아지가 죽어 있는 것을 확인하고, 보호자에게 응급 수술을 해서 죽은 강아지를 꺼내야 한다고 알린 다음 수술을 시작했습니다.

수술 경험이 없던 저는 옆에서 보조를 하며 이미 죽은 강아지를 꺼내는 것을 지켜보았습니다. 한 생명이 세상의 빛을 보기도 전에 생을 마감한 모습을 보고 마음이 무거웠습니다. 배 속의 죽은 강아지를 꺼낸 검순이는 수술 뒤 잘 회복해 퇴원했으니 그래도 다행이었죠.

몇 주 후 검순이가 수술 후 상태를 확인하고 필요한 처치를 받기 위해서 병원에 왔습니다. 그런데 진료 후 보호자가 뜻밖의 말씀을 하셨습니다.

"검순이가 이번에 새끼를 많이 낳아서 너무 힘이 들어요. 여기 수의사 선생님들은 건강하게 잘 키우실 것 같은데, 혹시 키우고 싶은 분 안 계신가요? 제가 두 마리 무상으로 분양해드릴게요."

제가 그때 무슨 자신감으로 그렇게 선뜻 나섰는지 지금 와서 생각해도 의아할 때가 있습니다. 아마도 수술 당시 검순이와 태어나지도 못한 채 어미 배 속에서 죽은 강아지가 떠올랐던 것 같습니다. 그 형제는 꼭 내가 키워보고 싶다는 생각이 들었던 것도 같고요.

그렇게 해서 두 달 된 아기 강아지가 저에게 왔고, 저는 그 아이의 이름을 '심바'라고 지었지요. 아시다시피, 심바는 디즈니 애니메이션 〈라이언킹〉에 나오는 주인공 수컷 사자의 이름입니다. 강아지가 힘이 너무 세고 활발하게 노는 모습이 꼭 영화 속 심바 같아서 성별을 초월한 이름을 붙이게 되었죠.

하지만 아기 심바를 저는 한 달 정도밖에 키울 수 없었습니다. 1년간 일본 유학이 예정돼 있어서 시골에 계신 어머니께 맡겼는데, 혈기 왕성한 녀석한테는 오히려 좋은 일이었던 것 같습니다. 서울에서는 늘 뛰어놀 공간이 부족했는데, 시골은 마당도 있고 층간소음으로부터도 자유로웠으니까요.

유학을 마치고 귀국해서 심바를 보러 어머니 댁에 갔습니다. 한 달 함께 살고 1년 동안 떨어져 있었는데 심바가 과연 나를 기억할까, 설렘보다는 걱정이 앞섰죠. 하지만 걱정이 무색하게 심바는 연신 꼬리를 흔들면서 저를 반겼습니다.

달려드는 녀석을 힘껏 안아주고 쓰다듬으며 이곳저곳 살펴보니, 몸 이곳저곳에 흉터가 나 있었습니다. 이게 무슨 일인가 싶어 어머니께 여쭤보고는 깜짝 놀랐습니다. 심바가 워낙 동네 사람들과 친해 시골 논두렁을 자유롭게 돌아다니곤 했는데, 어느 날 낯선 사람들이 와서 심바를 보고는 주인 없는 개인 줄 알고 강제로 잡아가려고 했다는 겁니다. 다행히 너무 늦지 않게 어머니가 목격해서 되찾아왔지만, 이미 몽둥이로 맞아서 온몸이 피투성이인 상태였죠.

당시만 해도 그 시골에는 제대로 된 동물병원이 없어서, 버스를 타고 40분이나 가서 응급 처치로 피부 상처만 치료한 후 돌아왔다는 말씀을 하면서 어머니는 깊은 한숨을 내쉬셨습니다. 타지에서 생활하는 아들이 맡긴 강아지를 애지중지 키웠는데, 저렇게 죽으면 아들을 무슨 면목으로 보나 싶어서 내내 가시방석이셨던 거죠.

다행히 심바는 잘 회복했지만, 평생 온몸에 흉터를 갖고 살아가게 되었고, 그 흉터를 볼 때마다 저도 제대로 보살피지 못했다는 미안함에 마음이 무거웠습니다. 몸의 흉터와 함께 마음에도 상처가 남은 것은 아닐까 염려도 되었죠. 함께 서울에 온 후에는 매일 아침 산책을 하고, 가끔 관악산에도 함께 오르며 건강을 챙겼습니다. 주기적으로 건강검진을 하고 일상적인 행동을 보며 심리적으로 안정되었음을 확인하는 것이 저에게도 큰 위로가 되었습니다.

그즈음 박사과정에서 제가 다루는 주제는 복제 동물이 태어날 때의 효율을 높이는 것이었는데, 특히 질병 모델 동물이 되는 복제 개를 주력으로 연구하고 있었습니다. 복제 동물이 태어나려면 먼저 복제하고자 하는 대상 동물의 체세포와 그 체세포의 핵이 들어갈 난자세포, 그리고 임신이 가능한 건강한 대리모가 필수적으로 갖춰져야 합니다. 하지만 체세포 핵 이식조차 많은 시행착오를 거쳐 어렵게 진행했던 터라 수정란이 만들어지는 것이 불규칙한 상황에서 임신이 가능한 대리모를 언제나 준비하고 있기는 어려웠죠. 결국 복제 수정란이 완성되었는데, 막상 그 시점에 임신이 가능한 대리모가 없는 상황이 되고 말았습니다. 너무 아깝지만 수정란 분석만 하고 폐기해야겠구나 싶었는데, 문득 심바가 임신 적기인 것이 생각났습니다.

의논 끝에 심바를 대리모로 삼아 실험을 진행해보기로 결정하고, 복제 수정란을 이식했습니다. 이식한 수정란이 착상되어 임신에 성공할 확률이 낮을 때라 큰 기대가 없었는데, 한 달 후 초음파검사에서 임신이 확인된 겁니다. 기대하지도 않았던 선물이라 당혹스러운 것도 잠시, 실험에 참여한 연구진 모두 눈시울을 붉히며 기쁨을 나눴습니다.

그 오랜 기간 소원했던 결실을 만끽하며 모두 기대에 부푼 날들을 보냈죠. 이제 심바도 각별히 관리해야 했는데, 아마도 그때가 심바의 일생 동안 가장 호사스러운 시간이었을 겁니다. 심바의 거처는 넓고 위생이 철저히 관리되는 공간으로 옮겨졌고, 영양이 골고루 잘 짜인 식단 등 건강을 유지하기 위한 세심한 관리를 받았죠. 심바가 정서적으로 의존하는 보호자라 저도 가능한 한 많은 시간을 곁에서 보냈습니다.

출산 예정일을 조금 앞두고서 혹여라도 분만 중 예기치 못한 사고가 일어날 것에 대비해 제왕절개를 하기로 했습니다. 그렇게 해서 태어난 아기 강아지가 바로 세계 최초의 복제 개

스너피였죠. 이 연구가 《네이처》에 발표되면서 스너피는 세계에서 가장 유명한 개가 되었습니다. 인간의 가장 친한 친구인 개의 복제는 세간의 많은 관심을 불러일으켰습니다. 유전자 분석으로는 이미 체세포를 제공한 개와 복제 개가 동일하다는 것이 증명된 뒤였지만, 사람들은 그 외양도 서로 똑같은지 궁금해했죠. 그래서 늘 스너피와 타이가 함께 사진을 찍어야 했습니다.

모두가 정신없이 축배를 드는 와중에 산후 회복이 끝난 심바의 자리는 없었습니다. 실험이 끝나면 더 이상 필요하지 않은 존재. 실험동물로서의 애달픈 숙명은 심바에게도 예외가 아니었던 거죠. 하지만 실험동물로서의 역할이 끝났다고 해도 저에게는 여전히 사랑스러운 존재였습니다. 오히려 이제는 제 반려동물 자리로 다시 돌아왔으니, 오롯이 저와 심바만의 자유로운 시간을 누릴 수 있게 되었죠.

변화가 아주 없지는 않았는데요. 그 전까지 저의 반려견으로 보살핌만 받았던 심바는 아무것도 모르는 천진한 존재였습니다. 그런데 이 과정을 함께 겪고 나니 제게는 왠지 은퇴한 연구 동료처럼 느껴졌죠. 진행 중인 실험에 대해 이야기하면 다 이해하며 들어줄 것 같은 그런 친구로요.

심바는 저와 함께 삶을 나누다가 열두 살에 무지개다리를 건넜습니다. 심바의 노년기 즈음엔 연구와 강의로 바빠져서 많은 시간을 같이 보내주지 못했는데, 돌이켜보니 그 시간이 가장 후회됩니다. 제가 키운 첫 반려견인 심바의 유골함은 지금도 제 연구실에 있습니다. 죽은 형제를 대신해 건강하게 살아주었던 아기 강아지, 죽을 고비에서 상처 입고 돌아온 논두렁의 개, 단 한 번 가진 새끼를 마음껏 품을 시간이 없었던 어미, 그리고 저와 12년을 함께한 친구… 심바가 문득 보고 싶어지네요.

홀로 사는 물고기 구피가
새끼를 낳다니

집 근처 마트로 종종 장을 보러 갑니다. 보통은 아이들 없을 때 스윽 다녀오지만, 칭찬해줄 일이 있으면 주말에 아이들을 대동하고 가죠. 아이들을 데리고 마트에 가는 것이 선심 쓰듯 드문 일인 이유는, 이 녀석들이 장난감 코너에서 넋을 잃고 구경하느라 꽤 오랜 시간이 소요되기 때문입니다. 그런데 장난감 코너 옆의 물고기 수족관과 햄스터 판매대는 더 강적입니다. 그 앞에서 홀린 듯 '물멍'을 때리는 어린아이들을 많이 만날 수 있죠.

언젠가 이런 일이 생길 거라고 예상은 하고 있었습니다. 어느 날 아이에게 시험을 잘 본 보상으로 가지고 싶은 것을 말해

보라고 했더니 구피를 선택하더군요. 아내는 허락하는 대신 구피는 새끼를 많이 낳으니 한 마리만 입양해야 한다는 조건을 걸었습니다. 저도 동의할 수밖에 없었죠. 물고기를 키우면 어항 청소 등은 당연히 아빠인 제 몫이 될 테니, 저도 개체 수가 늘어나는 건 달갑지 않았던 겁니다. 막상 집에 와서 물고기 한 마리만 덩그러니 헤엄치는 모습을 보니 왠지 외로워 보였지만, 현실을 고려하면 어쩔 수 없는 일이었죠.

그런데 어느 날 '귀신이 곡할 노릇'이 벌어졌습니다. 퇴근하고 집에 갔는데 아이들이 현관 앞으로 뛰어나와 소리쳤습니다.

"아빠! 구피가 새끼를 낳았어, 그것도 아주 많이!"

아이들은 너무 좋아서 깔깔 웃으며 열 마리가 넘는 새끼 구피들에게 일일이 이름을 지어주었죠(제 눈에는 전부 까만 두 눈만 보이는데도요). 저와 아내는 그런 아이들을 그저 멍하니 바라보았습니다.

"이게 도대체 어떻게 된 일이지?"

전후 사정이 궁금하기보다는 앞으로 일이 걱정되었죠.

'물고기가 많아지면 어항이 좁아서 더 큰 어항을 사야 할 텐데, 그러면 청소하기가 더 힘들어질 텐데….'

그날 밤 아내와 의논한 끝에 장모님께 도움을 청하기로 했습니다. 다행히 장모님이 흔쾌히 새끼 구피를 모두 받아주셔서 다시 한 마리만 키우게 됐죠.

그런데 얼마 후 또 충격적인 일이 발생했습니다. 구피가 다시 새끼를 낳은 거죠. 처음에는 집에 온 지 얼마 안 된 때여서 임신된 상태로 입양이 되었나 보다 생각했는데, 이번에는 도무지 어떻게 될 일인지 알 수가 없었습니다.

'혼자 있는 구피가 어떻게 새끼를 낳을 수 있지?'

번식생물학을 연구하는 제 입장에서는 더욱 이해가 되지 않았습니다. 물론 저는 물고기의 번식에 대해서는 잘 모릅니다. 포유동물에만 관심이 있었으니까요. 하지만 기본적으로 암컷이 알을 낳으면 수컷이 와서 정자를 뿌려주어야 수정이 되고, 이후 알이 부화해 새끼 물고기가 태어나는 것 아니었던가요? 우리 집에 온 구피의 정확한 성별은 모르지만, 한 달 이상 혼자 키웠으니 알이 있어도 수정할 기회는 없었을 테고, 그러면 당연히 알은 퇴화되었어야 하지 않나요? 아무리 하등동물이라고 해도 이건 너무하지 않나 싶더군요.

이 미스터리에 대해 저희 대학의 어류질병 교수님께 진지하게 물어볼 수도 있겠지만, 저도 보통은 구글에서 답을 찾습니다. 구피의 수컷은 외부 지느러미 부분이 생식기관 역할을 하고, 그곳을 통해 정자가 나와서 암컷의 몸속에 들어가 수정이 된다고 합니다. 배란된 알은 이미 암컷 몸속에 들어와 있는 정자와 수정해 몸 밖으로 나온 후 부화되어 성장한다는 것이죠. 신기한 것은 정자의 수명입니다. 대부분의 포유동물의 정자는 수컷의 몸 밖으로 나오면 보통 하루나 이틀 후 죽게 되는데, 구피의 정자는 암컷 몸속에서 3개월 정도 생존할 수 있다고 합니다. 그러면서 주기적으로 배란되는 알과 수정해 부화하는 거죠. (참고로 구피는 한 번에 최대 150개까지 알을 낳을 수 있다고 하니, 참으로 엄청난 번식 능력입니다.)

아마도 우리집 구피는 암컷이고, 오기 전에 이미 수컷의 정자가 몸속에 들어온 상태였던 것 같습니다. 그 정자가 때가 되어 배란된 알과 수정되어서 새끼가 태어난 것이죠. 포유동물에서는 결코 볼 수 없는 정말 신비한 일입니다. 제가 가장 궁금한 점은 구피의 정자가 어떻게 암컷의 몸속에서 그렇게 오래 생존할 수 있는지입니다. 만약 이 기전을 이해하고 포유동물에 적용할 수 있다면 멸종 위기종의 정자 보존과 번식에 도움이 될 테니까요. 제 사심을 담아서 어류 연구자들이 이 흥미로운 주제를 다뤄주길, 그래서 언젠가는 제가 장기 정자 보존을 응용해서 연구해볼 수 있기를 내심 고대하고 있습니다.

6

말이 봄에만 임신하는 이유

제 친한 선배 중 한 분은 말 수의사입니다. 말 수의사 중에서도 실력이 뛰어난 분이어서 먼 곳까지 진료를 다니느라 바쁘죠. 이 선배 수의사가 눈코 뜰 새 없이 바쁜 계절이 있는데, 바로 봄입니다. 말은 봄에만 임신이 가능하기 때문이죠. 그런데 임신 기간도 사람보다 긴 11개월이라, 작년 봄에 임신하면 올해 봄에 분만하게 됩니다. 아시다시피 말은 꽤 몸값이 비싸서 한 마리가 수억 원에 이르는 경우가 많습니다. 게다가 한 번에 한 마리의 새끼만 낳기 때문에 임신과 관련해서는 아주 예민할 수밖에 없죠. 만약 봄에 임신에 실패하면 내년 봄까지 기다려야 하기 때문에 임신 진단이 매우 조심스럽게 진행됩니다.

또 성공적으로 임신했다고 해도 한 마리만 임신되었는지 반드시 확인해야 합니다. 드물게 쌍둥이가 임신되기도 하기 때문이죠. 비싼 말이 두 마리나 생긴다고 주인이 좋아하리라 생각한다면 오산입니다. 말의 경우 쌍둥이가 임신되면 둘 다 죽을 확률이 높기 때문에, 임신 초기에 최대한 빨리 확인해서 조치를 취해야 합니다. 쌍둥이 확인이 늦어지면 둘 다 죽거나, 임신한 어미까지 상해를 입을 수 있습니다. 만약 쌍둥이가 임신되었다면 최대한 빨리 둘 중 한 마리를 안락사하는 수밖에 없습니다. 그래야 나머지 한 마리라도 무사히 태어날 수 있습니다. 안타깝지만 어미의 안전을 위해서도 어쩔 수 없는 선택이지요.

그런데 말은 왜 봄에만 임신을 할까요? 소와 돼지는 물론이고 사람도 1년 중 아무 때나 임신이 가능한데 말이죠. 동물 가운데 이렇게 특별한 계절에만 임신이 되는 경우가 있는데, 이들을 '계절 번식 동물'이라고 합니다. 대표적인 동물이 말이고, 두 번째로는 고양이가 있습니다. 말과 고양이는 낮이 길어지는 시기에만 임신을 할 수 있죠. 이런 계절 번식은 어두울 때 분비되는 멜라토닌과 관련이 있습니다. 해가 떠 있는 시간이 길어지면 말의 뇌에서는 멜라토닌 분비량이 감소하는데, 이것이 번식 호르몬의 분비를 증가시키는 신호가 됩니다. 낮의 길이가 길어지는 동안이 임신이 가능한 기간이 되는 것이죠.

그러니까 우리나라에서는 하루 중 낮이 가장 짧은 동지부터 말의 임신을 준비합니다. 그리고 낮이 가장 긴 하지 전에 임신을 완료해야 하죠. 하지 이후에는 낮이 다시 짧아지기 때문에 멜라토닌이 증가하고, 반대로 번식과 관련한 호르몬은 감소해 임신 가능성이 낮아집니다. 그래서 말 수의사들은 매년 봄에 암말이 임신을 놓치지 않도록 관리를 철저히 한다고 합니다.

그럼 말과 반대로 낮이 짧아지는 시기에 번식하는 동물도 있을까요? 의외로 말과 비슷한 동물인 사슴과 양이 그렇습니다. 제가 한때 사슴의 번식과 관련된 프로젝트를 진행했는데요. 제 오랜 선배 수의사를 따라 9월과 10월에 사슴 목장을 다녔죠. 사슴은 번식기의 시끄러운 울음소리 때문에 깊은 산속에서 키우는데, 차를 운전해 산길을 헤치며 목장으로 올라가면 단풍이 내려앉기 시작한 나무들이 제때 맞춰 왔음을 알려줍니다. 과일이 영그는 시기라 사슴 목장의 무화과나무에서 막 익은 무화과를 따 맛있게 먹었던 기억도 나네요. 그래서 저에게는 '사슴의 번식철은 무화과가 열리는 그 짧은 시기'라고 기억돼 있습니다. 그 선배 수의사는 지금도 9월과 10월이면 전국의 사슴 목장을 다니면서 사슴의 임신을 돕는데요. 이 두 달 동안

1년의 70~80퍼센트에 해당하는 일을 해야 하기 때문에 집에 들를 시간조차 없다고 합니다. 바쁘지만 그만큼 수입이 집중되는 시기이기도 하죠.

계절 번식에 중요한 역할을 하는 멜라토닌은 일반적으로 생체리듬을 조절하는 기능을 하는 것으로 알려져 있습니다. 그래서 시차 적응이나 불면증을 개선하는 약으로도 활용되고 있죠. 하지만 일부 동물에서는 번식과 관련된 호르몬을 조절해서 생태계에 중요한 역할을 한답니다. 이처럼 같은 호르몬일지라도 동물마다 조금씩 그 역할이 다른 것을 보면 동물의 생존 시스템이 얼마나 신비로운지 알 수 있습니다.

제왕절개 수술로 살린 송아지

동물병원으로 급하게 전화가 걸려왔습니다. 소를 키우는 목장 주가 임신한 소의 제왕절개 수술을 도와줄 수 있는지 문의하는 내용이었죠. 소의 제왕절개는 흔한 일이 아니어서 먼저 어떤 상황인지 물었습니다. 어미 소가 뒷다리 인대 손상으로 일어날 수 없게 되었다고 하더군요. 하루 이틀 지나면 좋아질 것으로 생각했는데, 출산 예정일까지도 일어나기 힘들 것 같다면서 결국 제왕절개 수술을 해야 할 것 같다고 했습니다. 소는 분만 전후에 일어났다 앉았다 반복하면서 복부에 힘을 주어 출산을 해야 합니다. 일어서지 못하면 복부에 힘을 주기도 어렵고, 소화 장애가 일어나서 위에 가스가 차 위험한 상태로 빠지기 쉽습니다.

제가 속한 동물병원의 외과 선생님께 연락해 함께 수술을 하기로 했습니다. 그리고 흔하지 않은 케이스니 학생들에게 수술 장면을 보여주면 좋을 것 같아서 두 명의 학생이 참관하도록 했죠. 네 사람이 함께 차를 타고 두 시간 정도 달려서 도착한 목장은 전형적인 시골마을에 자리 잡고 있었습니다.

먼저 수술할 어미 소의 상태를 살펴보았습니다. 다리를 다친 상태로 처치를 받지 못한 채 며칠이 지나 이미 괴사가 시작된 상태더군요. 보통의 경우라면 임신한 어미 소를 살리기 위해 빨리 수의사를 불러서 처치를 했을 텐데, 아무래도 주인이 목장 운영을 포기한 듯했습니다. 목장 안을 조심스럽게 둘러보니 사람의 손길이 닿지 않은 지 꽤 된 것 같더라고요.

밖으로 나와 주인의 이야기를 들어보니, 그 사정도 이해가 되었습니다. 최근 목장 주변에 고속도로 공사가 시작되면서, 공사 소음으로 인한 피해 때문에 골머리를 앓고 있었던 겁니다. 소들이 놀라 우유 생산량이 크게 줄고, 임신한 소들이 유산하는 등 경제적 손실이 커서 공사 시행사에 피해를 보상해달라고 요구했지만, 차일피일 보상이 미뤄지고 있다면서 한숨을 쉬더군요. 그렇게 시간이 흐르고 피해액은 계속 불어나니, 소들이 아프거나 다쳐도 꼭 필요한 처치가 아니면 수의사를 부를 엄두를 내지 못했던 거죠.

그 임신한 어미 소도 스스로 회복해 일어나기만 기다렸는데, 인대가 완전히 상했는지 며칠이 지나도 일어나지 못하고 육안으로 보기에도 다리가 썩어들어가는 것 같자, 송아지까지 죽이기에는 미안해 대학병원에 전화를 한 겁니다. 보통 대학병원의 진료비는 지역병원보다 훨씬 비싼데, 목장의 어려운 사정이 안타까워서 저렴한 비용으로 수술을 하기로 했습니다. 마침 학생들이 교육 목적으로 함께 가기도 했고, 사회봉사의 일환으로 이렇게 처리하는 경우가 종종 있습니다.

그렇게 두 학생의 참관하에 소 제왕절개 수술이 시작되었습니다. 일단 마취를 한 후 피부를 절개하고 배 속의 자궁을 살펴보면서 간접적으로 송아지의 자세를 확인했습니다. 일반적으로 머리와 앞다리가 먼저 나와야 하기 때문에, 송아지의 머리를 확인한 다음 자궁의 일부를 가위로 절개해 머리와 앞다리부터 조심스럽게 꺼냈습니다.

엄마 배 속에서 세상 밖으로 나온 송아지의 피부는 양수로 젖어 있습니다. 제왕절개로 태어나면 처음에는 자발 호흡이 어려운 경우가 있어서 털을 말려주며 등과 가슴 부위를 마사지해 원활하게 호흡할 수 있도록 도와주어야 하죠. 비로소 안정적으로 호흡할 수 있게 된 송아지는 큰 울음소리로 건강한 상태임을 알려주었습니다.

276

송아지의 안정적인 상태를 확인한 후 서둘러 어미 소의 자궁과 피부를 봉합하고, 수액 등 기본적인 처치를 해주었습니다. 그러고 나서 다리를 좀 더 자세히 살펴보니, 이미 회복하기는 어려워 보였습니다. 목장주에게 더 이상의 처치는 불가능할 것 같다고 이야기했는데, 오랫동안 소들을 키워온 목장주는 이미 그 사실을 알고 있는 듯했습니다. 어미 소는 결국 안락사해 도축하기로 결정할 수밖에 없었습니다. 덩그러니 혼자 남은 송아지는 그런 상황은 모른 채 주인이 미리 준비해 분유통에 담아둔 초유를 꿀꺽꿀꺽 잘도 받아먹더군요. 제가 할 일은 여기까지였습니다.

⚗️

저는 산으로 둘러싸인 시골에서 어린 시절을 보냈습니다. 어머니는 작은 식당을 운영하시면서도 가축을 돌보셨죠. 식당을 열기 전에는 돼지를 많이 키웠는데, 식당을 운영하시면서부터는 힘에 부쳐 오래 키우지 못하고 팔았던 기억이 납니다. 어머니는 식구가 먹고도 남을 만큼 수확한 채소를 내다팔고, 닭의 수가 늘면 또 그것도 파셨는데, 그게 저희 사남매를 곤궁하지 않게 먹일 수 있는 부수입이었습니다.

저도 어릴 때 아기 토끼를 싼값에 사와서 매일 풀을 먹여 키운 적이 있습니다. 나름 용돈을 번다고 친구들을 따라 했던 건데, 팔 때 보니 정확히 기억은 나지 않지만 토끼를 판 다른 친구들에 비해 적은 돈을 받았습니다. 억울하긴 한데 덩치 큰 아저씨에게 따지지는 못하고 겨우 씩씩대며 물어보니, 앙고라 품종의 토끼라서 털이 중요한데 제 토끼는 빗질은커녕 지저분한 오물이 엉켜 있다는 거였습니다. 시골에서 자란 사내아이가 보드라운 토끼털이 붙은 옷을 한 번이라도 본 적이 있었겠습니까. 저는 그저 잘 먹여 키우는 것 외에 다른 생각은 하지 못했던 거죠. 홱 토라져서 집에 있는 닭이나 잘 먹여야겠다고 생각하고, 어설프게 만들었던 토끼장을 부숴 아궁이에 땔감으로 넣었던 기억이 납니다.

아내도 어릴 적에 학교 앞에서 파는 병아리를 사다 키운 적이 있다고 합니다. 며칠 지나지 않아 죽었으니 키웠다고 말하기도 뭣하지만요. 그런데 아마 닭이 될 때까지 키웠어도 그 닭을 먹거나 돈 받고 팔 생각은 못했을 겁니다. 같은 수의사임에도 불구하고, 산업동물을 접하며 자라온 저와 그렇지 않은 아내 사이에는 동물을 바라보는 시선에 적지 않은 간극이 있습니다. 하지만 누구의 견해가 옳은지 그른지 따지는 것은 어리석은 일이겠지요. 둘 다 현실에 발을 디딘 채 따뜻한 마음으로 살아가고자 하는 데는 이견이 없으니까요.

278

동물도 수혈을 한다!

얼마 전 일입니다. 어느 날 밤 12시에 휴대폰으로 전화가 왔습니다. 이렇게 밤늦게 오는 전화는 대부분 연구하는 동물이 아프거나, 동물병원에 응급 환자가 와서 수술과 같은 응급 처치가 필요한 경우입니다. 그중에서도 동물병원에서 오는 전화가 더 잦지요. 수의사 초기에는 이런 응급 상황이 발생하면 무엇을 어떻게 해야 할지 몰라 허둥지둥했습니다. 그러다 2000년 초반 서울대학교 동물병원에 응급 시스템이 도입되면서 진료 환경이 나아졌죠. 지난 20년 동안 응급 진료 시스템이 안정화되어 웬만한 응급 진료는 당직을 서는 수의사들이 처리할 수 있게 되었습니다. 하지만 각 과의 담당교수가 호출되는 상황은 시시때때로 닥칩니다.

한밤중에 전화한 당직 수의사는 분만이 진행 중인데, 열 살인 어미 개가 새끼를 다 낳지 못하고 지쳐 쓰러진 것 같다고, 어떻게 해야 할지 모르겠다며 다급한 목소리로 이야기했습니다. 개의 분만은 필수적인 진료 중 하나지만, 사실 서울대학교 동물병원에 재직 중인 수의사 가운데 분만 과정을 익숙하게 처리하는 수의사는 많지 않습니다. 대개 개는 진료 없이도 자연적으로 분만하고, 난산으로 응급 상황일 때는 가까운 지역 병원으로 내원하기 때문이죠. 따라서 2차병원인 대학병원까지 오는 일은 1년에 한두 번 있을까 말까 한 일이라 모든 당직 수의사가 몸에 밴 대응을 하기는 어려운 거죠.

일단 침착하게, 먼저 임신한 개의 초음파를 통해 배 속 강아지들의 심장이 뛰는 것을 관찰하고, 살아 있으면 유도 분만을 시도해보라고 알려주었습니다. 또 엑스레이 검사로 새끼가 몇 마리인지 확인하라고 지시했죠. 확인 결과 어미 배 안에 새끼가 네 마리 이상 있는 것으로 관찰되었고, 모두 살아 있는 것 같다고 했습니다. 유도 분만 주사를 놓고 30분 기다려보고, 반응이 없으면 추가로 주사를 한 번 더 놓고 분만이 진행되는지 관찰하라고 지시했습니다. 주사를 맞은 어미가 두 마리를 분만했지만, 더 이상의 진척이 없다고 하더군요. 이제는 제왕절개를 해야 했습니다. 분만 시작 시간으로부터 열두 시간이나 지나서 약물로는 한계가 있었기 때문이죠. 수술 준비를 부탁하고 병원으로 향한 것이 새벽 2시였습니다. 응급 당직 수의사들 모두 분만 수술 경험이 적어서 잔뜩 긴장한 모습이었지만, "침착하게 하나씩 하면 됩니다"라고 격려하고, 수술에 들어갔습니다.

어미 개의 자궁은 수축이 많이 돼서 그런지 근육의 혈관이 상당히 부풀어올라 있었습니다. 새끼를 한 마리씩 꺼내는 동안 자궁 출혈이 예상보다 심했어요. 그래서 지혈이 어려워졌고, 결국 자궁과 난소를 모두 제거하기로 결단할 수밖에 없었습니다. 수술은 복잡해졌지만, 다행히 무사히 마무리되었습니다. 새끼 강아지들도 모두 건강했고요. 출혈이 많았기 때문인지 어미는 회복이 느리더군요. 혈액 검사상의 문제를 해결하기 위해 수혈을 했습니다. 혈액을 공급받자 어미의 상태도 조금씩 개선되기 시작했지요.

여기서 이런 질문을 하실지도 모르겠습니다.

"잠깐! 개도 수혈을 한다고요?"

네, 동물들도 수혈을 합니다.

반려동물 진료에서 수혈은 사람만큼은 아니지만 흔하게 볼 수 있는 광경이지요. 사람의 경우 헌혈을 통해 부족한 혈액을 공급받습니다. 특별한 경우 안내 방송을 하기도 하죠. 사람의 혈액형은 잘 알려진 대로 A, B, O, AB형으로 나눕니다. 좀 더 세부적으로는 Rh+, Rh- 유형도 있죠. 혈액형이 이렇게 나뉘는 것은 혈액 표면에 있는 항원이 다르기 때문입니다. 그럼 동물들도 혈액형이 있을까요? 당연히 있습니다. 개의 경우도 사람처럼 항원의 특징에 따라서 크게 여섯 가지로 구분합니다. 개의 항원은 DEA라고 부르며, DEA 1.1, DEA 1.2, DEA 3, DEA 4, DEA 5, DEA7로 분류하고 있습니다. 좀 더 자세히 분류하는 방법으로는 이외에도 여섯 가지가 더 있는 것으로 보고되고 있는데, 미분류로 확인되는 혈액형도 있다고 합니다. 개는 여러 품종이 있고, 품종별 또는 개체별로 다른 혈액을 가지고 있을 수 있습니다. 사람의 경우 (우리나라에서는) 어릴 때 혈액형 검사를 해서 대부분 자신의 혈액형을 알고 있기 때문에 응급 상황에 맞닥뜨려도 쉽게 대응할 수 있지만, 개는 수혈하는 일이 상대적으로 드물어서 자기가 키우는 개의 혈액형을 모르는 보호자가 많죠.

동물은 수혈 시스템이 잘 마련되어 있지 않아서 반려동물 수혈에 필요한 혈액을 확보하는 데 어려움이 있기도 합니다. 앞서 소개한 수술을 마친 후에 혈액이 다른 수술에 비해 많이 필요했는데, 보관하고 있던 혈액을 밤사이 모두 소진해서 참 어려운 상황이었습니다. 최근에는 이런 어려움을 알고 있는 보호자들이 수혈 프로그램에 적극적으로 참여해주셔서 큰 도움을 받고 있습니다. 전화로 연락드리면 시간 되는 분들이 자신의 개를 데리고 내원해 헌혈을 하는 시스템이죠. 이를 통해 충분한 양은 아니었지만 위급한 상황을 넘길 수 있는 혈액을 확보할 수 있었습니다. 여러 분의 협조 덕분에 어미와 새끼 모두 건강한 모습으로 퇴원했습니다.

사람도 최근 혈액이 부족한 상황이어서 정부가 혈액 확보에 신경을 쓰는 것으로 알고 있습니다. 이에 대한 대안으로 국가 차원에서 인공 혈액 생산을 위한 연구 지원 정책을 발표했습니다.

첫 번째 연구 분야는 배아 줄기세포를 이용해 혈액세포를 만드는 것입니다. 배아 줄기세포는 만능 세포로서 다양한 세포로 분화할 수 있습니다. 현재 배아 줄기세포를 신경세포로 분화시켜 신경질병 치료에 사용하는 가시적인 결과가 나오고 있으며, 머지않아 배아 줄기세포를 혈액세포로 분화시키는 기술이 개발될 것으로 기대하고 있습니다.

두 번째 연구 분야는 이종 혈액을 이용하는 것입니다. 최근 돼지의 장기를 사람에게 이식하는 데 성공했다는 뉴스를 보신 적이 있을 겁니다. 이처럼 동물의 혈액을 사람에게 이식하는 것인데요. 돼지가 이에 가장 적합한 동물로 알려져 있습니다. 돼지의 혈액이 사람의 혈액과 만났을 때 면역 반응이 조절된다면, 위급한 상황에 처한 사람에게 돼지의 혈액을 수혈할 수 있겠죠. 그래서 일부 면역 관련 유전자가 조절된 돼지에 대한 연구와 분석이 이루어졌습니다. 하지만 원하는 만큼의 혈액을 얻기가 상대적으로 어렵습니다.

돼지 다음으로 이종 혈액 이용이 가능한 동물로는 소가 꼽힙니다. 소는 돼지에 비해 많은 양의 혈액을 수월하게 얻을 수 있기 때문이죠. 또한 실험실 수준의 분석에 따르면 소의 혈액이 돼지의 혈액보다 면역 거부 반응이 적다는 연구 결과도 있으니, 이종 수혈의 유력한 후보 동물이 될 수 있습니다.

이종 수혈의 역사를 살펴보면, 1692년에 양의 혈액을 사람에게 이식해 치료했다는 기록이 있습니다. 당시에 이종 수혈을 진행한 결과 성공한 사례가 나와서, 여러 차례 양의 혈액을 사람에게 이식했다고 합니다. 결과적으로 이종 이식은 실패해 많은 사람이 죽고 말았죠. 혈액의 면역 거부 반응에 대한 개념 자체가 없던 시기였으니까요. 또한 사람끼리도 혈액형에 따라 거부 반응이 나타날 수 있다는 사실도 몰랐던 때라서, 한 사람의

284

혈액을 다른 사람에게 이식해서 실패하는 경우가 많았습니다.

오늘날의 혈액형에 대한 개념을 정립한 과학자는 오스트리아의 카를 랄트슈타이너입니다. 수혈할 때 발생하는 혈액 응집 현상을 연구해 현재의 ABO형 개념을 완성했죠. 그 뒤에도 Rh식 분류가 더해졌는데, ABO와 마찬가지로 적혈구 표면의 항원 종류에 따라 구분합니다. 다른 혈액과 만났을 때 항원이 응집 반응을 일으키지 않는 것이 수혈에서 가장 중요한 조건이기 때문이죠. 혈액형에 대한 정확한 분류가 이루어지면서 많은 사람의 생명을 구할 수 있었습니다. 많은 의과학자가 인공 혈액을 연구하고 있어서 가까운 미래에는 혈액 부족에 대한 걱정을 덜 수 있을 것으로 기대하고 있습니다. 저는 수혈을 스무 번 가까이 했습니다. 헌혈도 큰 거부감 없이 참여하고 있죠. 수의사로서 혈액이 부족하면 수술 중 위험한 상황을 맞을 수 있다는 것을 알고 있고, 그래서 자신의 혈액을 선뜻 내놓는 것이 얼마나 고마운 일인지 잘 알기 때문입니다. 요즘은 코로나19로 인해 충분한 양의 혈액을 확보하기가 무척 어렵다고 합니다. 이 글을 읽고 한 번쯤 헌혈에 참여해보시면 어떨까요?

동물을 돌보고 연구하는 이유

2020년과 2021년, 정말 많은 동물실험 연구 논문이 발표되었습니다. 시시각각 새롭게 발표되는 논문과 관련 기술들을 보면서, 현대 과학의 엄청난 발전이 놀라운 한편으로 좀 허탈한 느낌을 지울 수 없었습니다. 수의사로서 그동안 실험동물의 수를 줄이기 위해 해왔던 3Rs 운동 등의 다양한 노력이 너무나 쉽게 허물어지는 게 아닌가 싶었습니다. 물론 팬데믹이라는 엄중한 상황에서는 어쩔 수 없는 일이라는 걸 잘 알지만요. 전 세계가 아직은 코로나로부터 자유롭지 않지만, 백신 접종과 치료제의 개발이 빨라지면서, 조만간 일상으로 복귀할 수 있지 않을까

조심스러운 예측들이 나오고 있는데요. 우리가 이 위기 상황에서도 이렇게 누리는 의학의 혜택과 희망 섞인 기대는 결국 동물의 희생에 바탕하고 있다는 사실을 모두 기억했으면 좋겠습니다.

비단 코로나 팬데믹 같은 위기 상황이 아니어도 그동안 수많은 실험동물이 인류를 구하기 위한 목적 아래 희생되었습니다. 사람의 질병을 이해하고, 치료하고, 예방하기 위한 연구에 수많은 실험동물이 이용되었죠. 그리고 때로는 사람이 아닌 동물을 구하기 위해서도 실험동물들을 이용해 연구 및 치료를 합니다. 특히 동물의 전염성 질병에 대응하기 위해 많은 연구를 하죠.

동물의 전염성 질병이 통제를 벗어나 번져나가면, 해당 동물과 관련이 없어 보이는 보통 사람들도 그로 인한 피해를 볼 수밖에 없습니다. 예를 들어, 최근 조류독감이 발생해 많은 양계장이 닭들을 살처분하는 바람에 계란이 귀해져서 값이 크게 올랐던 것처럼 말이죠. 이렇게 농장동물의 전염성 질병은 특히 국민의 먹거리와 관련이 있기 때문에 정부와 관련 산업에서도 적극적으로 대응하고 있답니다.

동물의 질병 중 보통 사람들에게 영향을 주지 않는 경우는 어떨까요? 바로 반려동물의 질병에 관한 이야기입니다. 요즘에는 반려동물의 수가 증가함에 따라 사회적 관심이 커졌지만,

그동안 우리나라에서 반려동물의 질병에 대한 연구 환경은 참으로 척박했습니다. 아마도 문화적인 차이 때문이었을 텐데요. 반려동물의 대부분을 차지하고 있는 개와 고양이에 대해서도 우리나라에서는 전통적으로 '함께 삶을 나눈다'기보다는 '그저 기르는' 동물로 여겨왔죠. 그래서 소위 '보신탕'으로 먹는 문화도 있었고요. 최근까지도 기성세대들은 여전히 보신탕을 먹는 것에 대한 인식이 관대한 편이었습니다(물론 모든 기성세대가 그런 것은 아닙니다). 한편 고양이는 약으로 먹는 문화가 있기도 했고, 예로부터 고양이 소리는 불길한 상징으로 통하는 경우가 많았죠. 하지만 개와 고양이에 대한 이런 인식을 젊은 층에서는 거의 찾아보기 어렵습니다.

세대 간의 이런 반려동물에 대한 인식 차이를 수의사라면 한 번쯤 느끼게 됩니다. 한번은 한 가족이 아픈 개를 데리고 왔습니다. 부모님은 치료비가 너무 많이 드니 안락사해야 한다고 하는 반면, 자녀들은 '우리 가족이니 돈이 얼마가 들더라도 치료해야 한다'면서 맞섰죠. 이런 갈등이 과거에 비하면 많이 줄어들었지만, 상황과 여건에 따라 크고 작게 불거지기도 합니다.

반려동물의 치료는 작게 보면 한 가족이 키우고 있는 동물이 아픈 것이니, 다른 사람들과는 상관이 없는 문제로 여길 수 있습니다. 그래서 반려동물의 치료에 대한 지원이나 정책 면에서 정부와 사회의 관심이 상대적으로 적을 수 있죠. 하지만

동물을 돌보고 연구합니다

옆집 동물의 질병이 내 가족 반려동물에게 직접적으로 영향을 준다면 어떨까요?

한 가지 예를 들어보겠습니다. 사회적 참사로 기억되고 있는 가습기 살균제 피해 당시 많은 사람이 목숨을 잃었는데요. 이때 개와 고양이도 30여 마리가 사망한 것으로 알려졌습니다. 더 중요한 사실은, 사람의 피해가 있기 전 이미 개와 고양이에게 폐렴이 발생했다는 겁니다. 당시 일부 수의사가 갑자기 원인을 알 수 없는 폐렴 증상을 보이는 개와 고양이가 내원해 이상하게 여겼지만, 가습기 살균제 때문일 거라고는 상상도 못했다고 합니다. 얼마 지나지 않아 사람들의 피해가 알려지면서 반려동물에게서 발병한 원인 모를 폐렴이 가습기 살균제와 연관이 있다는 사실을 알게 되었죠. 사후약방문에 불과하고 결과론적인 이야기지만, 만약 그때 반려동물 폐렴의 원인을 좀 더 자세히 분석했더라면, 더 많은 반려동물의 피해를 막고 사람의 피해도 최소화할 수 있지 않았을까요?

사람과 동물은 우리가 생각하는 것 이상으로 많은 것을 공유하면서 살아가고 있습니다. 그러니 동물의 질병에 대해서도 사람의 질병만큼 세밀하게 분석하고, 그 과정에서 얻어지는 정보들을 체계화해서 향후에 발생할 수 있는 새로운 전염성 질병에 효과적으로 대응해야 합니다.

수의사인 저도 처음에는 동물의 질병과 치료가 단지 그 동물에만 국한된다고 생각했습니다. 하지만 동물에 대해 연구하면 할수록 동물들과 사람이 얼마나 밀접하게 연관되어 있는지 깨닫게 됩니다. 특히 이번 코로나19 바이러스 대유행에서도 알 수 있듯이, 전염성 질병은 사람과 동물을 가리지 않습니다. 지구에 살고 있는 모든 생명체가 건강해야 사람도 건강하게 살아갈 수 있습니다. 제가 진료실과 연구실을 오가며 동물을 돌보고 연구하는 이유입니다.

동물을 돌보고 연구합니다